基礎 精密測定
第3版

津村喜代治 著

共立出版株式会社

[序　文]

　近年，精密測定機器は測定精度の向上と相まって，応用面におけるソフト，ハード面とも著しく進展している．

　これは精密加工の進歩によることは否定できないが，精密加工技術と精密測定は車の両輪のように同一レベルで進歩しなければならないと考えられる．

　精密測定の内容は以下のように，大きく分けることができる．

① 　測定精度の概念と測定値の統計的処理法
② 　従来から使用されている機械的拡大法が代表されている精密測定機器
③ 　微小変位を流体，光などにより検出して，これを電気信号に変換拡大し，または直接電気量に検出して拡大・指示する方式
④ 　アナログ量をディジタル量に変換して表示する方式
⑤ 　機械加工中の動的測定すなわちインプロセスゲージング
⑥ 　歯車，ねじ，形状，表面粗さなどの測定
⑦ 　精密測定機器，測定法に関するJISをはじめとする各種の規格
⑧ 　測定量をコンピュータに取り込み，各種技術資料を求める情報処理システム

　これらのことを考慮すると，大学・高専等の機械系で学ぶ学生および一般機械技術者にとっては従来の精密測定のテキストでは十分でなく，電気測定法の図書，メーカのカタログおよび情報誌により新しい知識を得ているのが現状である．

　本書は，従来からある精密測定機器と最近のメカトロ化された測定機器について，その原理と基礎的事項を，学生および初級技術者にも容易に理解できるように編集したテキストである．したがって，高度な精密測定機器の構造の詳細については他の文献を参考にされたい．

序文

　2000年に第2版を出版して4年が経過して以来，本書に対して読者からの貴重なご意見，質問を頂き，またJISの改正等を考慮し，全面的に見直した．
　主とした第3版改訂のポイントは以下のとおりである．
1) JISの改正に伴い，執筆内容の見直し
2) 新たに光波干渉を利用した測定技術を挿入
3) 読者からの貴重なご指示，質問を参考としての改正
4) 読者の理解度を高めるため（測定技術のノウハウ）の追加
5) その他部分的な訂正

　今後とも読者諸賢の変わらぬご指導の程をお願いし，より良き技術書として検討していきたいと考えています．
　本書を執筆，改訂するに当たり，企業の技術誌・カタログ，関連図書およびJISを参考にさせて頂きました．関係各位に深く謝意を表します．
　なお出版に際して協力頂いた共立出版(株)の関係各位にお礼申し上げる．

2005年2月

津村　喜代治

[目 次]

1章　測定の基礎

1.1　はじめに …………………………………………………………………………… *1*
1.2　測定，検査，計測 ………………………………………………………………… *1*
1.3　長さの基準 ………………………………………………………………………… *2*
1.4　トレーサビリティ ………………………………………………………………… *3*
　　演習問題 ……………………………………………………………………………… *4*

2章　精密測定と誤差

2.1　はじめに …………………………………………………………………………… *5*
2.2　誤差に関する用語の定義 ………………………………………………………… *5*
2.3　誤差の原因 ………………………………………………………………………… *6*
2.4　誤差の法則 ………………………………………………………………………… *7*
2.5　偶然誤差の取扱い（測定値の統計的処理） …………………………………… *10*
2.6　不確かさ …………………………………………………………………………… *14*
[補]　平均値，標準偏差の桁数の丸め方 ……………………………………………… *16*
　　演習問題 ……………………………………………………………………………… *16*

3章　測定誤差

3.1　系統誤差の概念 …………………………………………………………………… *17*
3.2　測定機器，基準器の器差とその補正 …………………………………………… *18*
3.3　温度による系統誤差の補正 ……………………………………………………… *19*
3.4　温度差の生ずる原因とその解析 ………………………………………………… *21*
　　演習問題 ……………………………………………………………………………… *24*

4章　弾性変形と測定精度

4.1　はじめに …………………………………………………………………………… *25*
4.2　フックの法則による変形 ………………………………………………………… *25*
4.3　ヘルツの弾性接近量 ……………………………………………………………… *27*
4.4　被測定物の支持法による変形 …………………………………………………… *32*
　　演習問題 ……………………………………………………………………………… *37*

5章　測定機器と測定精度

5.1　はじめに ……………………………………………………………… *38*
5.2　測定子，測定テーブルの形状精度の影響 ………………………… *40*

6章　目 盛 尺

6.1　目盛に関する用語とその定義 ……………………………………… *42*
6.2　金属製直尺 …………………………………………………………… *43*
6.3　標　準　尺 …………………………………………………………… *44*
　　演習問題 ………………………………………………………………… *45*

7章　標準ゲージ

7.1　標準ゲージ …………………………………………………………… *46*
7.2　ブロックゲージ ……………………………………………………… *46*
7.3　基準棒ゲージ ………………………………………………………… *53*
7.4　基準プラグゲージ …………………………………………………… *55*
　　演習問題 ………………………………………………………………… *56*

8章　限界プレーンゲージ

8.1　はじめに ……………………………………………………………… *57*
8.2　限界ゲージの種類 …………………………………………………… *58*
8.3　限界ゲージの製作公差 ……………………………………………… *60*
8.4　製品公差とゲージ公差との比率 …………………………………… *64*
8.5　限界ゲージの使用上の注意事項 …………………………………… *65*
　　演習問題 ………………………………………………………………… *66*

9章　機械式測定機器

9.1　バーニヤ目盛を利用した拡大機構 ………………………………… *67*
9.2　ねじを利用した拡大機構 …………………………………………… *71*
9.3　テコを利用した拡大機構 …………………………………………… *74*
9.4　テコ・歯車式拡大機構 ……………………………………………… *75*
9.5　弾性変形を利用した拡大機構 ……………………………………… *76*
9.6　歯車を利用した拡大機構 …………………………………………… *77*
　　演習問題 ………………………………………………………………… *83*

10章　電気式測定機器

- 10.1 はじめに …………………………………………………… *84*
- 10.2 変位量を電気量に直接変換する方式 ………………… *84*
- 10.3 変位-光-電気変換方式 ………………………………… *90*
- 演習問題 …………………………………………………… *94*

11章　流体式測定機器

- 11.1 原　理 ……………………………………………………… *95*
- 11.2 空気マイクロメータの種類 …………………………… *96*
- 11.3 理論解析のための回路の名称と記号 ………………… *96*
- 11.4 低圧背圧式空気マイクロメータ ……………………… *97*
- 11.5 流量式空気マイクロメータ …………………………… *99*
- 11.6 高圧背圧式空気マイクロメータ …………………… *100*
- 11.7 空気マイクロメータの利用法 ……………………… *102*
- 11.8 電気信号への変換 …………………………………… *105*
- 演習問題 …………………………………………………… *105*

12章　測定のディジタル化

- 12.1 はじめに ………………………………………………… *106*
- 12.2 アナログ-ディジタル変換（AD変換） ……………… *107*
- 12.3 ディジタル形測定システム ………………………… *110*
- 12.4 直線変位-光-電気信号変換方式 …………………… *110*
- 12.5 光学縞計数法 ………………………………………… *110*
- 12.6 インダクタンス式スケール ………………………… *116*
- 演習問題 …………………………………………………… *121*

13章　角度の測定

- 13.1 はじめに ………………………………………………… *122*
- 13.2 端面基準 ………………………………………………… *122*
- 13.3 目盛基準 ………………………………………………… *128*
- 演習問題 …………………………………………………… *132*

14 章　内径測定

14.1　はじめに　……………………………………………………… 133
14.2　内径測定の原則　………………………………………………… 133
14.3　内径の検出方式　………………………………………………… 134
14.4　検出部の構造　…………………………………………………… 136
14.5　円筒形状（ピンゲージ）式　…………………………………… 139
14.6　内径測定の基準　………………………………………………… 140
　　　演習問題　………………………………………………………… 141

15 章　機械加工中の精密測定

15.1　はじめに　………………………………………………………… 142
15.2　インプロセスゲージングの概要　……………………………… 143
15.3　インアンドポストプロセスゲージング・システム　………… 146
15.4　アダプティブコントロール・システム　……………………… 147
　　　演習問題　………………………………………………………… 147

16 章　表面粗さ

16.1　はじめに　………………………………………………………… 148
16.2　粗さ曲線の定義　………………………………………………… 148
16.3　粗さ曲線のパラメータ　………………………………………… 150
16.4　表面粗さの測定法　……………………………………………… 155
　　　演習問題　………………………………………………………… 157

17 章　ねじの測定

17.1　測定諸元　………………………………………………………… 158
17.2　ねじの検査と限界ゲージの精度管理　………………………… 159
17.3　ねじの諸元の測定　……………………………………………… 161
　　　演習問題　………………………………………………………… 167

18 章　歯車の測定

18.1　はじめに　………………………………………………………… 168
18.2　歯車の歯形曲線　………………………………………………… 168
18.3　歯車の基礎的諸元　……………………………………………… 169

18.4 歯車の計算に必要な基本諸元 ·································· *172*
18.5 歯厚の測定 ·· *173*
　　 演習問題 ·· *179*

19 章　形状の測定

19.1 はじめに ·· *180*
19.2 幾何偏差の特性（幾何特性）の定義 ·························· *180*
19.3 真円度の測定 ·· *184*
19.4 三点式真円度測定法 ·· *187*
19.5 最小自乗中心法 ·· *188*
　　 演習問題 ·· *189*

20 章　三次元座標測定機

20.1 はじめに ·· *190*
20.2 三次元座標測定機の概要 ··· *190*
20.3 データ処理システム ·· *192*
20.4 三次元座標測定機の精度 ··· *195*
20.5 アッベの原理 ·· *197*
　　 演習問題 ·· *198*

21 章　光波の干渉じまを利用した計測方式

21.1 光波干渉の原理 ·· *199*
21.2 光波干渉の原理を利用した長さの測定 ······················ *201*
21.3 光波干渉計に採用されている光源 ···························· *203*
21.4 光波干渉を応用した形状測定 ·································· *204*
　　 演習問題 ·· *206*

22 章　精密測定室の標準状態

22.1 はじめに ·· *207*
22.2 標準状態 ·· *207*
22.3 標準状態の許容差 ··· *207*
22.4 三次元測定機の試験環境条件 ·································· *208*

付表　インボリュート関数表 …………………………………………… *209*
演習問題略解 …………………………………………………………… *210*
参考文献 ………………………………………………………………… *211*
索　引 …………………………………………………………………… *217*

1 測定の基礎

1.1 はじめに

　高精度精密測定機器の開発は精密加工技術の向上によって可能であるとともに，精密加工の進展は測定機器の高精密化によることも否定できない．しかし高精度の測定器といえども，測定器の構造・使用方法，および測定時の温度，測定力等の測定条件について十分な知識がないと予想以上の誤差が生ずるものである．

　また測定値の統計的処置について理解がないと，求められた測定値から誤った判断・処置を行って，大きな問題を起こす原因ともなる．

1.2 測定，検査，計測

　測定（measurement）とは，"ある量を，基準として用いる量と比較し，数値または符号を用いて表すこと"である．また求められた測定値が定められた判定基準を満足しているか否かにより，良・不良の判定を下す処置を検査（inspection）という．

表 1.1 "はかる"の定義

量る	数える，重さ・量・長さを知る	図る	考える，考慮する，工夫する，企てる，もくろむ
測る	数える，重さ・量・長さを知る，考える，考慮する	諮る	相談する
計る	数える，重さ・量・長さを知る，考える，考慮する，相談する	謀る	工夫する，企てる，もくろむ

"はかる"には，表1.1に示すものがある．

JIS Z 8103における計測，計量の定義は，表1.1の"謀る"を除いた"はかる"を総合したもと考えられる．

1.3 長さの基準

長さの測定の基準については，線基準，端面基準，光波基準，光速基準の4つがあげられる．

（1） 線基準（line standard）はメートル原器，標準尺があげられるが，光学的スケール（リニアエンコーダ）も標準尺として広く利用されている．

（2） 端面基準（end standard）はブロックゲージ，バーゲージなどで，長さの基準として基本的なものである．

（3） 光波基準（light wave standard）は光波干渉測定法として知られているもので，長さの測定法の最高の精度が得られる．

（4） 光速基準は工業界においては利用されないが，メートルの定義は1983年の国際度量衡総会において新しく光速基準が採用され，「メートルは1秒の299792458分の1の時間に，光が真空中を伝わる行程の長さ」と定義づけられている．

この定義を実現するための波長標準として，1997年の国際度量衡委員会において，13種類のレーザの波長が勧告された．このなかで"よう素安定化633 nm He-Ne"が実用長さ標準の光源として採用されている．

これらの基準の精度を比較すると，表1.2のようになる．

表1.2 各基準の比較

基準の種類	精度
線基準	$\pm 2 \times 10^{-7}$
光波基準	$\pm 4 \times 10^{-9}$
光速基準	$\pm 2 \times 10^{-10}$

1.4 トレーサビリティ

トレーサビリティ (traceability) とは産業標準供給システムと直訳される．計測器に指示された測定量が同じメーカまたは異なったメーカの計測器間でお互いに食い違いが発生しないようにするためには，定められた基準により表す量の値が校正 (calibration) されていなければならない．

国で定められた標準は一次基準，二次基準と，図1.1に示すシステムにより産業界に供給される．

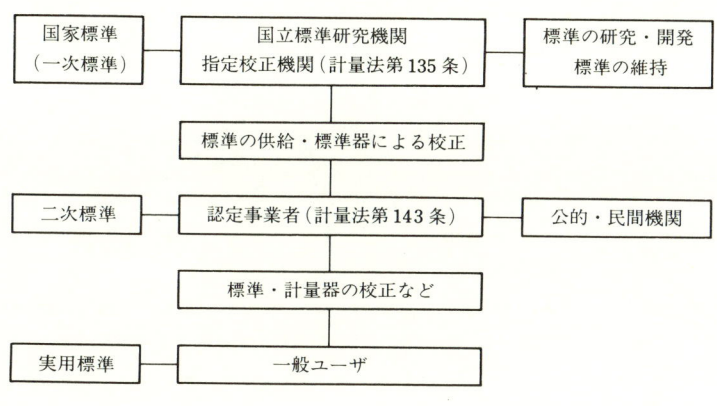

図 1.1 トレーサブルなシステム

図1.1に例示するように，計測機器が指示する値が国家標準の値に反映していることを国家標準に対してトレーサブル (traceable) であるといい，このような体制が確立されていることをトレーサビリティと呼んでいる．

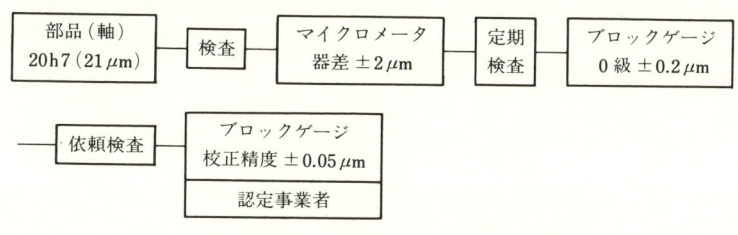

図 1.2 企業内トレーサビリティ

一般企業内のトレーサビリティは図1.1と同じようにブロックゲージを例にとってみると，図1.2のようになる．

図1.1と図1.2とがつながり，トレーサビリティが確立される．

[演習問題]

1.1 計測の定義について述べよ．
1.2 メートルの定義について述べよ．
1.3 トレーサビリティとは何か．

2

精密測定と誤差

2.1 はじめに

　機械加工された工作物の外径または内径などを測定する場合，いろいろな原因により誤差が必ず伴うものである．ゆえに測定結果より被測定物の真の値を求めることは困難であるが，測定値から真の値を推定することが必要である．このためには測定誤差の生ずる原因を明らかにして，誤差の発生を最小にとどめる対策を立て，また測定値の統計的処理法を十分理解しなければならない．

2.2 誤差に関する用語の定義

　測定誤差を解析していくためには，これらに関する定義を明確にしなければならない．
　誤差 (error) は測定値 (measured value) を X_i，真の値 (true value) を Z とすると

$$誤差 = 測定値 - 真の値 = X_i - Z \tag{2.1}$$

で定義されている．
　一般に n 回の測定を繰り返してその平均値 $\bar{X}$ を求め，この値を真の値と仮定していることが多い．平均値 $\bar{X}$ は

$$\bar{X} = \frac{1}{n} \sum_{i=1}^{n} X_i \tag{2.2}$$

となる．
　この平均値は試料平均 (sampling mean) といわれている．測定値の母集団 (母集団の大きさ N は多くの場合無限大と考えられる) の平均値を，母平均

(population mean)と呼び，試料平均の不偏推定値である．

いま繰り返し測定した結果，測定値の分布状況を模型的に表し，また誤差，残差 (residual)，偏差 (deviation)，かたより (bias) の関係を図2.1に示す．またこれらの関係は母平均を m とすれば，式(2.3)～(2.5)となる．

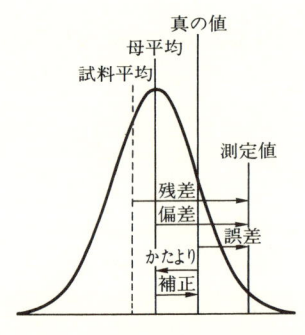

図 2.1 定義の説明（JIS Z 8103）

$$かたより＝母平均－真の値　＝m-Z \qquad (2.3)$$
$$残　差＝測定値－試料平均＝X_i-\bar{X} \qquad (2.4)$$
$$偏　差＝測定値－母平均　＝X_i-m \qquad (2.5)$$

測定誤差が見逃すことのできない原因により生ずるときは，かたより現象が起こり，このかたよりの程度を正確さ（accuracy）と呼ぶ．

偶然と考えられる原因により生ずるときは，測定値はばらつき現象を生じてくる．このばらつきの程度を精密さ（precision）と呼んでいる．

測定結果の正確さと精密さを含めた総合的な良さを精度（overall accuracy）と定義づけている．

2.3 誤差の原因

測定誤差は基本的には，間違い（mistake）と誤差とに分けられる．

間違いは読取り，記録などのミス，測定器類の誤操作などによるものであり，十分に注意を払うこと，測定に熟練すること，およびディジタル化または印字・記録を機械化するなど，いわゆる machine to machine システムを採用するこ

とによりミスの発生を防止することが可能となる．また飛び離れた測定値は棄却検定法によりある程度除去することもできる[1]．

2.3.1 系統誤差，偶然誤差

（1） 系統誤差（systematic error）

測定値にかたよりを与える誤差であり，次に述べるような原因によるものである．

　（a） 温度，測定力など測定条件が測定結果に与える影響によるもの
　（b） 測定器の固有誤差すなわち器差（instrument error）によるもの
　（c） 測定者の目測，使用方法などのくせによるもの

これらの誤差は補正または測定者の熟練により除去することができるが，測定の原理上の理論と現象との不一致により誤差が残ることがある．

（2） 偶然誤差（accidental error）

測定値にばらつきを与える誤差で，測定面の表面粗さ，微小のごみ，振動，照明の影響等，多数の小さな原因の累積により測定値にばらつきを起こさせるもので，規則的に変化するものでなく，プラスおよびマイナス側にランダムにばらつくが，この誤差は数回の繰返し測定を行い，平均値を求めることによりある程度除くことができる．

2.3.2 形状誤差により生ずる誤差

被測定物の測定基準面および測定面の形状誤差の大きい場合は，系統誤差として現れることもあり，またこれらの誤差が小さい場合は偶然誤差となることもある．

2.4　誤差の法則

いくつかの直接測定（direct measurement）により求めた測定値を組み合わせて，1つの値が誘導される測定法を間接測定（indirect measurement）といい，おねじの有効径，歯車のオーバピン寸法，サインバーを使用した角度測定などがあげられる．

間接測定に含まれる誤差は各直接測定の誤差を積み重ねたものとなり，この積み重ねの法則は系統誤差と偶然誤差とでは異なってくる．

間接測定により求める量を X，n 個の直接測定によって求められた変量を X_1, $X_2, \cdots, X_i, \cdots, X_n$ とすると，式(2.6)，(2.7)が成立する．

$$X = a_1 X_1 + a_2 X_2 + \cdots + a_n X_n \tag{2.6}$$

$$X = a(X_1^{p_1} \cdot X_2^{p_2} \cdot \cdots \cdot X_n^{p_n}) \tag{2.7}$$

ここで，a, a_1, $a_2, \cdots, a_n$ および p_1, $p_2, \cdots, p_n$ は定数である．

いま直接測定において，互いに独立な系統誤差がある場合の X の誤差 $\varDelta X$ は，式(2.6)の場合には

$$\varDelta X = a_1 \varDelta X_1 + a_2 \varDelta X_2 + \cdots + a_n \varDelta X_n \tag{2.8}$$

および式(2.7)の場合には

$$\frac{\varDelta X}{X} = p_1 \frac{\varDelta X_1}{X_1} + p_2 \frac{\varDelta X_2}{X_2} + \cdots + p_n \frac{\varDelta X_n}{X_n} \tag{2.9}$$

で与えられる．

各変数 $X_1, X_2, \cdots, X_n$ の誤差がそれぞれ標準偏差 $s_1, s_2, \cdots, s_n$ の互いに独立した偶然誤差であった場合の X の標準偏差の大きさ S は，それぞれ

$$S^2 = a_1^2 s_1^2 + a_2^2 s_2^2 + \cdots + a_n^2 s_n^2 \tag{2.10}$$

$$\left(\frac{S}{X}\right)^2 = \left(p_1 \frac{s_1}{X_1}\right)^2 + \left(p_2 \frac{s_2}{X_2}\right)^2 + \cdots + \left(p_n \frac{s_n}{X_n}\right)^2 \tag{2.11}$$

で与えられる．

系統誤差の大きさは一般にその限界だけが推定されることが多い．この場合の限界値を誤差の最大限度といい，それぞれ $\delta X_1, \delta X_2, \cdots, \delta X_n$ とし，間接測定で求められる最大限度を δX とすれば

$$\delta X = a_1 \cdot \delta X_1 + a_2 \cdot \delta X_2 + \cdots + a_n \cdot \delta X_n \tag{2.12}$$

$$\left|\frac{\delta X}{X}\right| = \left|p_1 \frac{\delta X_1}{X_1}\right| + \left|p_2 \frac{\delta X_2}{X_2}\right| + \cdots + \left|p_n \frac{\delta X_n}{X_n}\right| \tag{2.13}$$

となる．

[例 2.1] ローラの中心距離 l のサインバーを使用して，ブロックゲージ h を併用し，角度 θ を設定するときの総合誤差を検討せよ．

(解) 図2.2において，$\sin\theta = h/l$，$h = l\sin\theta$．ここで，l, h に $\varDelta l$, $\varDelta h$ があった

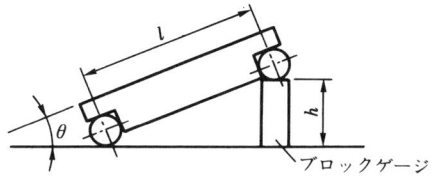

図 2.2 サインバー

とき，θ の誤差を $\Delta\theta$ とすると

$$\frac{\Delta h}{h} = \frac{\Delta l}{l} + \frac{\cos\theta}{\sin\theta} \cdot \Delta\theta = \frac{\Delta l}{l} + \cot\theta \cdot \Delta\theta$$

$$\Delta\theta = \left(\frac{\Delta h}{h} - \frac{\Delta l}{l}\right)\tan\theta \quad (\text{rad})$$

となる．

誤差を最大限度で表し，秒単位に換算すると*

$$\Delta\theta = 206 \times 10^3 \left(\frac{\Delta h}{h} + \frac{\Delta l}{l}\right)\tan\theta$$

となる．

JIS B 7523 における許容値が最大限度の誤差であったときの $\Delta\theta$ を求める．呼び寸法 $l=100$ mm のサインバーは $\Delta l = \pm 1.5\ \mu$m，$\Delta h = \pm 1.5\ \mu$m である．この Δh に JIS B 7506 ブロックゲージの 0 級寸法許容差 $0.25\ \mu$m を考慮して，$\theta = 30°$ を設定したときの誤差の最大限度 $\Delta\theta = 5.9''$ となる．

［**例 2.2**］ 呼び寸法 25 mm と 1.05 mm のブロックゲージを密着して，26.05 mm の基準を設定した．いま 25 mm は $+0.2\ \mu$m，1.05 mm は $+0.1\ \mu$m の器差であると仮定したとき，式 (2.8) より ΔX を求めよ．

また，このブロックゲージは JIS B 7506 寸法精度 0 級であるとすると，寸法の許容値は 25 mm $\pm 0.14\ \mu$m，1.05 mm $\pm 0.12\ \mu$m である．いま仕上り寸法が規格幅いっぱいにばらついたと仮定し，式 (2.10) の S を求めよ．

（**解**） $\Delta X = 0.3\ \mu$m．

おのおの $3s_1 = 0.14\ \mu$m，$3s_2 = 0.12\ \mu$m とおくことができる．ゆえに式 (2.10) に示す $S^2 = s_1{}^2 + s_2{}^2$ よりばらつき幅は，$3S = 0.18\ \mu$m ゆえに $S = 0.06\ \mu$m となる．

---

* 1 rad $= 57.2958° \times 60 \times 60 = 206,264.8'' \doteqdot 206 \times 10^3$（秒）

2.5 偶然誤差の取扱い（測定値の統計的処理）

2.5.1 はじめに

　系統誤差は測定値の補正，計測器の精度管理，測定者のトレーニングなどを実施することにより，最小にとどめることが可能である．

　偶然誤差により生ずる測定値のばらつきについては，単に試料平均を求めるのみでなく，標準偏差を求めて，ばらつき幅，母平均の信頼限界を求め，被測定物の真の値を推定する統計的処理を行うことが必要である．

2.5.2 正規分布とその性質

　測定値の統計的処理は正規分布した母集団からランダムにサンプリングされたものと仮定して，平均値，標準偏差などの計算を行っているが，この仮定による大きなかたよりは認められないようである[2]．

　式(2.14)で表される曲線を正規分布曲線といい，このような分布を正規分布と呼んでいる．

　確率密度関数を $f(x)$ とし，母平均 m，母標準偏差 σ，自然対数の底 e とすれば，$f(x)$ は

$$f(x) = \frac{1}{\sqrt{2\pi}\sigma} e^{-\frac{1}{2}\left(\frac{x-m}{\sigma}\right)^2} \qquad (2.14)$$

である．

　正規分布では，図2.3に示すように曲線 $f(x)$ は $x = \pm\sigma$ において変曲点を

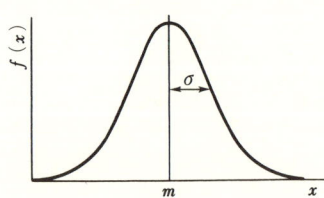

図 2.3　正規分布曲線（JIS Z 9041）

表 2.1 $k\sigma$ と確率

$k\sigma$	確率 (%)
±1 σ	68.3
±2 σ	95.4
±3 σ	99.7

表 2.2 精度表示例[3]

レーザ仕様		He-Ne		半導体
コード No.		544-404	544-414	544-721
符号		LSM-1305	LSM-1610	LSM-7005
測定範囲		0.2〜26 mm	0.4〜50 mm	0.015〜6 mm
最小表示量		0.0005 mm	0.001 mm	0.00005 mm
精度	指示精度	±2 μm 以下 (測定領域 20×26 mm において)	±3 μm 以下 (測定領域 50×50 mm において)	±0.5 μm 以下 (測定領域 2×6 mm において)
	繰返し精度 (±2 σ, AVG 3)	±0.001 mm 以下	±0.002 mm 以下	±0.0001 mm 以下
レーザ走査回数		350 回/s		280 回/s

もっている.x が $m\pm k\sigma$ 以内をとる確率は k の値が等しければ,その値は一定となる.その代表的な確率の値を表 2.1 に示す.

測定機器の繰返し精度は,一般に ±2σ の範囲で表示される.

表 2.2 にレーザを応用した測定機の精度表示の一例を示す.

2.5.3 標準偏差

測定回数:n,測定値:X_i,試料平均値:$\bar{X}$ とすれば,試料標準偏差 s は次式で表される.

$$s=\sqrt{\frac{1}{n-1}\sum_{i=1}^{n}(X_i-\bar{X})^2} \tag{2.15}$$

また母集団の測定数:N,母平均値:m とし,母標準偏差:σ とすれば

$$\sigma=\sqrt{\frac{1}{N}\sum_{i=1}^{N}(X_i-m)^2} \tag{2.16}$$

となる．

試料標準偏差 s は母標準偏差 σ の不偏推定値として採用されている*．

2.5.4 平均値の精密さ

測定を n 回繰り返して求めた標準偏差を s とし，このときの平均値の分布，すなわち平均値の精密さを δ とすれば

$$\delta = \frac{s}{\sqrt{n}} \tag{2.17}$$

となる**．

これから見ると，試料平均値の精密さ δ は，$\sqrt{n}$ 倍向上することを意味する．

---

* 残差 $V_i =$ 測定値 $X_i -$ 試料平均 $\bar{X}$
 偏差 $\Delta i =$ 測定値 $X_i -$ 母平均 m
 $\Delta i = X_i - m = (X_i - \bar{X}) + (\bar{X} - m) = V_i + (\bar{X} - m)$
 $\sum \Delta i^2 = \sum V_i^2 + 2(\bar{X} - m) \sum V_i + n(\bar{X} - m)^2$
 $\sum V_i \fallingdotseq 0$

$$(\bar{X} - m)^2 = \left(\frac{\sum X_i}{n} - m\right)^2 = \frac{1}{n^2}\{(\sum X_i)^2 - 2nm\sum X_i + n^2 m^2\}$$
$$= \frac{1}{n^2}(\sum X_i - \sum m)^2 = \frac{1}{n^2}\{\sum(X_i - m)\}^2$$
$$= \frac{1}{n^2}(\sum \Delta i)^2 = \frac{1}{n^2}\sum \Delta i^2$$

 $\therefore \quad \sum \Delta i^2 \fallingdotseq \sum V_i^2 + \frac{1}{n}\sum \Delta i^2$

 $\therefore \quad (n-1)\sum \Delta i^2 \fallingdotseq n\sum V_i^2 \quad \therefore \quad \dfrac{\sum \Delta i^2}{n} \fallingdotseq \dfrac{\sum V_i^2}{n-1}$

 すなわち $\sigma \fallingdotseq s$ となる．

** 残差 $V_i =$ 測定値 $X_i -$ 試料平均値 $\bar{X}$
 偏差 $\Delta i =$ 測定値 $X_i -$ 母平均値 m
 平均値偏差 $\delta =$ 試料平均値 $\bar{X} -$ 母平均値 m
 とすると
 $\Delta i = X_i - m = X_i - \bar{X} + \delta = V_i + \delta$
 $\sum \Delta i^2 = \sum(V_i + \delta)^2 = \sum V_i^2 + 2\delta \sum V_i + n\delta^2$
 ここに $\sum V_i \fallingdotseq 0$ であるから

$$\frac{\sum \Delta i^2}{n} \fallingdotseq \frac{\sum V_i^2}{n} + \delta^2 = \frac{n-1}{n} \cdot \frac{\sum V_i^2}{n-1} + \delta^2$$

 $\therefore \quad \sigma^2 \fallingdotseq \dfrac{n-1}{n} \cdot s^2 + \delta^2$

 ここに $\sigma \fallingdotseq s$ であるから

 $s^2 \fallingdotseq \dfrac{n-1}{n} \cdot s^2 + \delta^2 \quad \therefore \quad \dfrac{s^2}{n} \fallingdotseq \delta^2$

 ゆえに $\delta \fallingdotseq s/\sqrt{n}$ となる．

たとえば 10 回の繰返し測定により求められた平均値の精密さ δ は

$$\delta = \frac{s}{\sqrt{10}} = 0.3s$$

となる．

100 回測定を繰り返して精密さは 1 桁向上することになるが，測定回数 n を大きくしても，測定機器の摩耗，測定能率，測定者の疲労等を考慮すると無意味であり，測定回数は 10 回以下程度が適当である．

2.5.5 母平均値の信頼区間の推定

母平均値 m，母標準偏差 σ の正規分布から，ランダムに n 個をサンプリングして，その試料平均を $\bar{X}$，試料標準偏差を s とすれば

$$\frac{\bar{X} - m}{s/\sqrt{n}} = t$$

なる統計量を求めると，この統計量は自由度 $f = n-1$ の分布に従う．

いま n 個のデータについて t を求めると，その値は確率 P（危険率 α）と自由度 f をパラメータとした表 2.3 に示す t 分布から，$t(f, \alpha)$ が求められる．

表 2.3　t 分布表

自由度 $n-1$	確率 P 0.1	0.05	0.01	自由度 $n-1$	確率 P 0.1	0.05	0.01
1	6.314	12.706	63.657	16	1.746	2.120	2.921
2	2.920	4.303	9.925	17	1.740	2.110	2.898
3	2.353	3.182	5.841	18	1.734	2.101	2.878
4	2.132	2.776	4.604	19	1.729	2.093	2.861
5	2.015	2.571	4.032	20	1.725	2.086	2.845
6	1.943	2.447	3.707	21	1.721	2.080	2.831
7	1.895	2.365	3.499	22	1.717	2.074	2.819
8	1.860	2.306	3.355	23	1.714	2.069	2.807
9	1.833	2.262	3.250	24	1.711	2.064	2.797
10	1.812	2.228	3.169	25	1.708	2.060	2.787
11	1.796	2.201	3.106	26	1.706	2.056	2.779
12	1.782	2.179	3.055	27	1.703	2.052	2.771
13	1.771	2.160	3.012	28	1.701	2.048	2.763
14	1.761	2.145	2.977	29	1.699	2.045	2.756
15	1.753	2.131	2.947	inf.	1.645	1.960	2.576

ゆえに，信頼率を β とすれば，$\beta = 1-\alpha$ の内側に入る確率は

$$t(f, \alpha) = \left| \frac{\overline{X}-m}{s/\sqrt{n}} \right| \tag{2.18}$$

となる．

ゆえに，母平均値 m の信頼区間は次式により表される．

$$\overline{X} - t(f, \alpha)\frac{s}{\sqrt{n}} \leq m \leq \overline{X} + t(f, \alpha)\frac{s}{\sqrt{n}} \tag{2.19}$$

$\overline{X}$, s, n および表2.3より，信頼率 $1-\alpha$ における母平均の信頼区間を求めることができる．

[**例2.3**]　測定者8名によりダイヤルゲージ（測定範囲10 mm，目量0.01 mm）の検査を行った結果を表2.4に示す．このダイヤルゲージの全測定範囲指示誤差について危険率5％の母平均の信頼区間を求めよ．

表 2.4　全測定範囲指示誤差（単位 μm）

測定者	測定値	測定者	測定値
A	14.0	E	12.7
B	13.7	F	13.6
C	12.8	G	14.3
D	13.8	H	14.1

（**解**）　試料平均　$\overline{X} = 13.62\ \mu$m，　試料標準偏差　$s = 0.585\ \mu$m
$s/\sqrt{n} = 0.207\ \mu$m，　自由度　$f = n-1 = 7$
表2.3の t 分布表より $t(7, 0.05) = 2.365$

ゆえに，母平均の95％の信頼区間は次のようになる．

$$13.13 \leq m \leq 14.11 \quad (\mu\text{m})$$

このダイヤルゲージの全測定範囲指示誤差は"13.13〜14.11 μm の間にある確率は95％である"ということができる．

2.6　不確かさ[5]

測定機器の校正機関，メーカが発行する校正証明書には，較正値の不確かさが明記されている．この不確かさ（uncertainty）について解説する．

2.6 不確かさ

不確かさは，測定値の真の値が存在する範囲を示す推定値である．前節の測定値のばらつきのみで解析する手法と異なり，繰返および反復測定すると，測定機器の特性，測定温度など測定条件の相違，測定対象の測定点のずれ，測定者の個人差，基準器の不確かさなどの要因により測定値のばらつきが生じる．

不確かさは，これらばらつきの標準偏差（標準不確かさと呼ぶ）を求め，合成標準不確かさ（combined standard uncertainty）と呼ばれる値を算出する．

おのおののばらつきの標準偏差を σ_1, σ_2, σ_3, …とし，合成標準不確かさを σ とすると，σ は式（2.20）で表される．

$$\sigma^2 = \sigma_1^2 + \sigma_2^2 + \sigma_3^2 + \cdots \tag{2.20}$$

しかし測定値の統計的解析が可能であり，標準偏差が求められる要因と統計的解析が不可能で標準偏差が求められない要因がある．後者の場合は理論解析値，JIS，メーカ仕様，経験値などにより標準偏差に相当する値を求めている．

これら解析手法として，JIS，メーカの許容範囲内を測定値が分布すると仮定して，この範囲の限界値より標準偏差を求める手法がある．

この場合測定値の分布の形状が，矩形分布または三角形分布と仮定し，式（2.21），（2.22）により限界値 $= a$ を標準偏差 $= \sigma_n$（標準不確かさ）に変換する．

$$三角分布 \quad \sigma_n = a/\sqrt{6} \tag{2.21}$$

$$矩形分布 \quad \sigma_n = a/\sqrt{3} \tag{2.22}$$

分布が不明なときは，矩形分布としている．

式（2.20）の合成標準不確かさは，2σ または 3σ に相当する信頼率の不確かさとして，式（2.23）に示す拡張不確かさ（$= U$）が採用されている．

$$U = k\sigma \tag{2.23}$$

k は包含係数（coverage factor）と呼び，$k = 2$（信頼率 $= 95.4\%$）または $k = 3$（信頼率 $= 99.7\%$）である．

メーカの校正証明書の一例をあげると，ブロックゲージの比較測定による校正値の不確かさは，信頼率 95% の条件で $100\,\text{mm}$ 以下 $\pm 0.05\,\mu\text{m}$ である[3]．

[例 2.4] 標準尺の精度をブロックゲージで校正するときの熱膨張係数の差の標準不確かさを求める．

（解） JIS に規定された標準尺とブロックゲージの熱膨張係数を次に示す．

標準尺の熱膨張係数　　　　　：$a_S = (11.5 \pm 1.5) 10^{-6}/\text{K}$　（JIS B 7541）
ブロックゲージの熱膨張係数：$a_G = (11.5 \pm 1.0) 10^{-6}/\text{K}$　（JIS B 7506）

熱膨張係数は矩形分布と推測されるので，両者の標準不確かさは

標準尺　　　　：$\sigma_S = [(1.5 \times 10^{-6})/\sqrt{3}]/\text{K} = 0.88 \times 10^{-6}/\text{K}$

ブロックゲージ：$\sigma_G = [(1.0 \times 10^{-6})/\sqrt{3}]/\text{K} = 0.58 \times 10^{-6}/\text{K}$

となり，両者の熱膨張係数の差の不確かさを σ_{SG} とすると

$$\sigma_{SG} = \sqrt{(0.88 \times 10^{-6})^2 + (0.58 \times 10^{-6})^2}/\text{K} = (1.05 \times 10^{-6})/\text{K}$$

となる．

補　平均値，標準偏差の桁数の丸め方

（1）　平均値の桁数[4]

平均値の桁数は，表 2.5 に示す桁まで求めることが望ましい．

表 2.5　平均値の桁数（JIS Z 9041）

測定値の測定単位	測定値の個数		
0.1, 1, 10 等の単位 0.2, 2, 20 等の単位 0.5, 5, 50 等の単位	― 4 未満 10 未満	2～ 20 4～ 40 10～100	21～ 200 41～ 400 101～1000
平均値の桁数	測定値と同じ	測定値より1桁多く	測定値より2桁多く

（2）　標準偏差の桁数[4]

標準偏差の桁数は，有効数字を最大 3 桁まで求める．ただし測定値の分布する範囲を $\bar{X} \pm 3s$, $\bar{X} \pm 2s$ という形で推定するときには，桁数の少ない方に合わせて丸めることにする．

［演習問題］

2.1　精密加工された円筒の直径を測定した結果，以下の値が得られた．危険率 5％の母平均の信頼区間を求めよ．

6.0012, 6.0021, 6.0018, 6.0009, 6.0024, 6.0015, 6.0006, 6.0017, 6.0010, 6.0016（単位 mm）

3

測定誤差

3.1 系統誤差の概念

3.1.1 系統誤差の種類

系統誤差が生ずる主な原因は次のものがあげられる．
① 測定機器，基準器の器差
② 温度による影響
③ 測定力による影響
④ 被測定物の測定時の姿勢による影響
⑤ 被測定物の形状誤差による影響
⑥ 気圧，湿度による影響
⑦ その他

3.1.2 系統誤差の防止対策

（1） 測定条件をある範囲内に制御して，これにより発生する誤差を要求する測定精度から見て，補正する必要のない程度の微小なものとする．たとえば恒温室内での測定，低測定力の測定機器を使用するなどである．
（2） 温度，測定力などの測定条件を正確に把握して，理論式または実験式により補正する．
（3） 発生する系統誤差が打ち消し合うような測定条件を設定する．たとえば被測定物と基準器とは同じ材質，形状を採用する．
（4） 要求される測定精度を明らかにして，必要に応じて基準器，測定機器の器差を補正する．

3.2 測定機器,基準器の器差とその補正

測定機器,基準器の器差については JIS, DIN, BS などの各国の国家標準,工業界規格およびメーカ保証精度などを十分理解しておくとともに,計測管理により器差を正確に把握しておく必要がある.

ブロックゲージを基準として,指針測微器により円筒の直径を比較測定するときの補正について述べる.図3.1 において

　　ブロックゲージの呼び寸法(表示寸法) $= L$
　　ブロックゲージの実寸法　　　　　 $= L_s$

とすれば,器差 ΔL は

$$\Delta L = L_s - L \tag{3.1}$$

となる.ただし $L_s > L$ のときは $+\Delta L$,$L_s < L$ のときは $-\Delta L$ である.

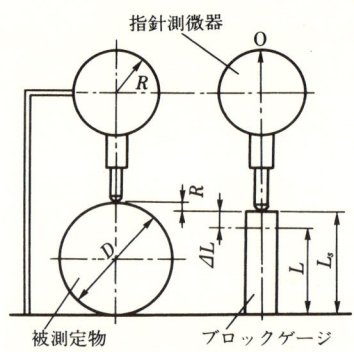

図 3.1 比較測定

測微器の読みを R とすれば

$$D - L_s = \pm R$$

となる.ゆえに図において

$$D = L_s \pm R = L \pm R \pm \Delta L$$

ここに $\pm \Delta L =$ 補正値.

図 3.1 において $L = 50$ mm, $L_s = 50.0002$ mm, $\Delta L = +0.0002$ mm, $R =$

$+0.021$ mm とすれば

$$D = 50 + 0.021 + 0.0002 = 50.0212 \text{ mm}$$

となる．ことにサブミクロンの精度を要求する測定には，基準器の器差の補正が必要となる．

3.3 温度による系統誤差の補正

3.3.1 補正の基本式

試験場所の標準状態の温度は，試験の目的に応じて20℃，23℃又は25℃のいずれかにすると規定されているが[1]，現在精密測定に採用されている標準温度は20℃である．

そのため測定温度が20℃よりはずれて測定したときは，その値は20℃のときの長さに換算しなければならない．

測長機，三次元座標測定機などによる測定は，標準スケールを基準として測定値が読み取られる．このときの温度の補正について述べる．

表3.1に示す測定条件において，L_θ の測定値が得られたとすると，L_{20}, l_{20}, L_θ の関係は，それぞれ次のように表される．

表 3.1 温度条件

	熱膨張係数	20℃における長さ	測定時の物体温度
標準尺	α_s	L_{20}	t_s
被測定物	α	l_{20}	t

標準スケール　　　$L_\theta = L_{20}\{1 + (t_s - 20)\alpha_s\}$ 　　　(3.2)

被測定物　　　　　$L_\theta = l_{20}\{1 + (t - 20)\alpha\}$ 　　　　(3.3)

となる．

20℃における標準尺と被測定物との長さの差を $\varDelta l$ とすると，式(3.2)＝式(3.3) であるから

$$\varDelta l = l_{20} - L_{20} = L_{20}(t_s - 20)\alpha_s - l_{20}(t - 20)\alpha$$

となる．

ここにおいて，$L_{20}=l_{20}=L_\theta$ としても，大きな差はないため

$$\Delta l = L_\theta \{(t_s-20)\alpha_s - (t-20)\alpha\} \tag{3.4}$$

となる．

ゆえに，被測定物の 20°C における正しい寸法は

$$l_{20} = L_\theta + \Delta l \tag{3.5}$$

となる．

式(3.5)が測定温度に対する補正式である．

3.3.2 被測定物と標準尺とに温度差がある場合

式(3.4)において，$t = t_s + \Delta t$ とおけば

$$\Delta l = L_\theta \{(t_s-20)(\alpha_s-\alpha) - \Delta t \cdot \alpha\} \tag{3.6}$$

となる．

3.3.3 熱膨張係数の影響

被測定物と標準尺との熱膨張係数が等しいとき，すなわち式(3.6)において $\alpha_s = \alpha$ とおくと

$$\Delta l = -L_\theta \cdot \Delta t \cdot \alpha \tag{3.7}$$

となる．

ゆえに，誤差は両者の温度差のみとなり，20°C からのずれは影響しない．しかし温度差は無視できない誤差となることがわかる．

3.3.4 被測定物と標準尺とに温度差のない場合

式(3.4)において，$t_s = t = \theta$ とおくと

$$\Delta l = L_\theta(\theta-20)(\alpha_s-\alpha) \tag{3.8}$$

となる．

測定温度が 20°C よりずれても，式(3.6)と比較すると Δl は小さくなる．

3.3.5 ブロックゲージなどを基準とした比較測定時の補正

図 3.1 に示すように，ブロックゲージを基準にして比較測定を行った場合，測微器の読みが R であったとする．

式(3.5)において，両者の寸法差に R を加味しなければならないため，被測定物の 20°C における直径 D_{20} は

$$D_{20} = L_\theta + \Delta l \pm R \qquad (3.9)$$

となる．

ただし　$D > L_s$ のとき $+R$

　　　　$D < L_s$ のとき $-R$

3.4　温度差の生ずる原因とその解析

温度差は系統誤差として大きな値となり，無視できないことがある．このため温度差の生ずる原因を明らかにして，誤差を最小にとどめることが重要である．

温度差の生ずる原因は，次のようなものがある．

① 被測定物の人体熱による影響
② 室温の変化による被測定物，測定機器および基準器の温度に対する追従性の相違
③ 室温の温度分布に対する不均一の影響

3.4.1　被測定物の人体熱による影響

人体熱の被測定物への影響は，被測定物に直接手に触れた場合が主な原因となる．

人体熱の影響については，ブロックゲージを直接手で持ったときの膨張の状態の実験結果を図 3.2 に示す[2]．20 mm のブロックゲージを直接手で持ったときは，わずか 30 秒で 00 級(旧 JIS)から 2 級の精度をはずれていることがわかる．この伸びは手に持った時間の少なくとも 20 倍以上の時間を経過しないと元の寸法に戻らないため，十分な注意が必要である．

手袋を使用することの効果が明らかである．

3.4.2　温度の追従性

生産現場から 20°C の恒温室に搬入した被測定物は，ある時間，温度ならしを

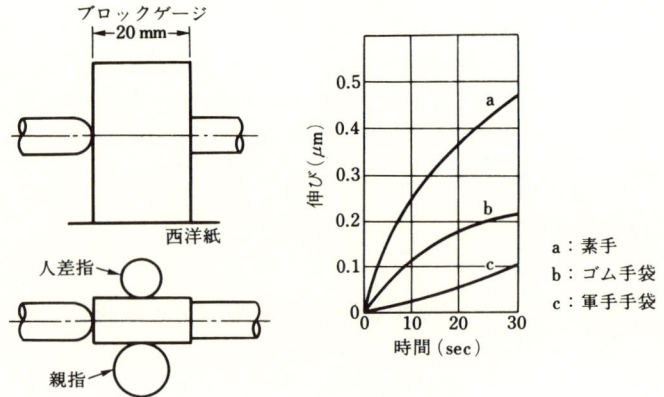

図 3.2 人体熱の影響[2]

行って測定を開始するが，この温度ならしの所要時間を把握しておかなければ，測定誤差の生ずる原因となる．

t_0°Cの物体温度の被測定物を t_1°Cの恒温室に入れて，n 時間後に t°Cになったときの物体温度の恒温室温度へのなじみ度合いを追従度 R とすると，R は次式で表される．

$$R = \left(1 - \frac{t - t_1}{t_0 - t_1}\right) \times 100 \quad (\%) \qquad (3.10)$$

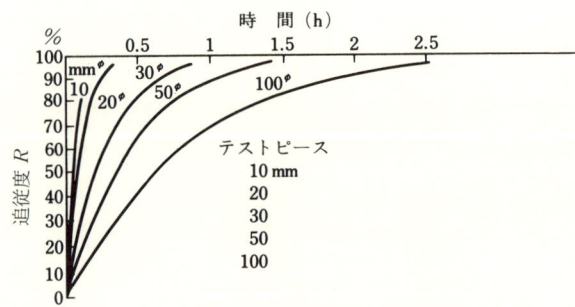

図 3.3 温度の追従性（鋳鉄定盤）[3]

温度の追従性については，次の報告が温度ならしの目安となる．

鋼製丸棒で長さ 100 mm，直径 10, 20, 30, 50, 100 mm，物体温度 t_0°C の被測定物を t_1°C の恒温室に搬入して鋳鉄定盤上において温度ならしを行ったときの物体温度の時間的変化を図 3.3 に示してある．直径 100 mm の被測定物は 2.5 時間経過しても，室温に完全になじんでいないことがわかる．

図 3.4 に図 3.3 の条件のうち，鋳鉄定盤の代わりに木製の作業台上においたときの物体温度の変化を示してある．図から見て，温度の追従性は鋳鉄定盤の上におく方法が，良いことがわかる[3]．

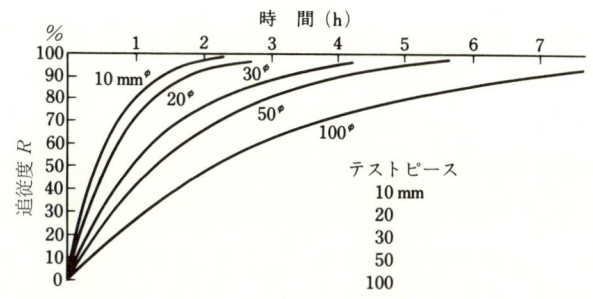

図 3.4　温度の追従性（木製作業台）[3]

3.4.3　恒温室の温度制御

恒温室の温度制御運転開始から，室温と測定機器の物体温度の時間的変化を図 3.5 に示してある．

冬期 14°C の空気温度は数時間で 20°C になるが．測定機 (Leitz Strasman) は，60 時間経過しても完全に 20°C にはなっていない．また昼間の就業時間のみ運転したときの間欠運転による結果から見て，連続運転による温度の制御が必要であることがわかる[4]．

一般に空気温度はよく把握されているが物体温度は確認されていないことが多い，このため物体温度計により測定し，測定誤差の発生を防止することが必要である．

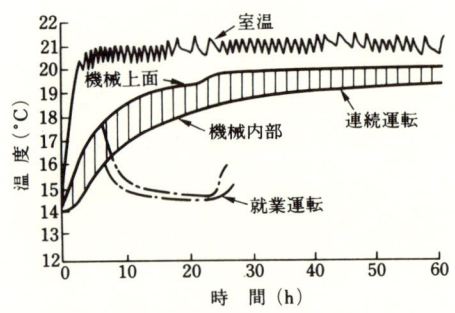

図 3.5 恒温室内温度の追従性[4]

[例 3.1] 最小読取値 0.1 μm のスケールを内蔵した測長機により鋼製のゲージを測定した結果, 250.0217 mm の値が得られた. スケールの熱膨張係数は $10 \times 10^{-6}/K$, 温度は 20.4°C, ゲージの熱膨張係数は $12 \times 10^{-6}/K$, 温度は 23.8°C であった. ゲージの 20°C における長さを求めよ.

(解) 式(3.4)より

$\Delta l = 250.0217 \{(20.4-20)10 \times 10^{-6} - (23.8-20)12 \times 10^{-6}\} = -0.0104$ mm

式(3.5)より

$l_{20} = 250.0217 - 0.0104 = 250.0113$ mm

[演習問題]

3.1 最小読取値 0.1 μm のガラススケール (熱膨張係数 $10 \times 10^{-6}/deg$) をもつ測長機により, 超硬製棒ゲージ (熱膨張係数 $6.2 \times 10^{-6}/deg$) の長さを測定した結果, 100.0325 mm が得られた.

このときのスケールの温度は 20.1°C, ゲージの温度は 18.1°C であった. ゲージの 20°C における長さはいくらか.

(注) [K] は熱力学温度の単位ケルビン (Kervin) であるが, p.19～p.24 において, 被測定物と基準器との温度差, これらと 20°C との温度差により補正値を求めるため, 温度単位は °C を採用することができる. (JIS Z 8710)

4

弾性変形と測定精度

4.1 はじめに

　一般に測定は測定子を被測定物にある測定力で接触させて行うものである．
　このため測定機器と被測定物とに弾性変形を生じ，測定誤差の原因となってくる．非接触測定法が開発されて，精密測定の分野にも次第に採用されつつある．しかし，その主流は接触式測定法である．
　測定力以外に測定時における被測定物の姿勢，保持方法などにより弾性変形を生じ測定誤差の原因となる．
　これらの影響をまとめると，次のようなものがあげられる．
　① フックの法則に従う変形
　② ヘルツの弾性接近といわれる変形
　③ 測定機器の変形
　④ 被測定物の支持法，測定時の姿勢によるたわみ
　これらの変形，たわみは系統誤差の原因となるため，これらの現象を明らかにして，変形量を補正するか，変形を防止する方法の対策を立てるなどの検討が必要である．

4.2 フックの法則による変形

　被測定物の端面に測定力が加わったとき，この被測定物の全長はフックの法則に従って収縮する．
　たとえば，図4.1に示すように測長機によりゲージを測定するとき，ゲージは測定力により収縮する．その収縮量はフックの法則（Hooke's law）に従う

図 4.1 測長器によるゲージの測定[1]

ものである.

いま平面端面全体に P なる圧縮力が働いたとすると,図 4.2 に示すように長さ L を測定したときの全長の収縮量 ΔL を考える.

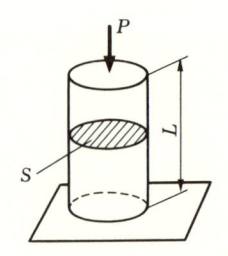

図 4.2 圧縮による収縮

この収縮現象はフックの法則に従うものであり,被測定物の断面積を S,ヤング率を E とすると,ΔL は式 (4.1) で表される.

$$\Delta L = \frac{PL}{SE} \tag{4.1}$$

[**例 4.1**] 断面積 $=78.5\,\mathrm{mm^2}$(直径 $=10\,\mathrm{mm}$),$L=50\,\mathrm{mm}$,$P=10\,\mathrm{N}$($\fallingdotseq 1\,\mathrm{kgf}$),$E=210\times 10^3\,\mathrm{N/mm^2}$ の条件により ΔL を求めよ.

(**解**) $\Delta L = \dfrac{10\times 50}{78.5\times 210\times 10^3} = 0.03\,\mu\mathrm{m}$

となる.

被測定物の自重による収縮を考える.

図 4.3 において,微小厚さ Δt 部分の重量により t 部分が Δl 収縮するとすれば,次式が成り立つ.

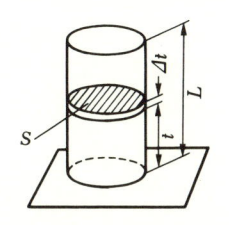

図 4.3 自重による収縮

$$\Delta l = \frac{S\Delta t \gamma g t}{S \cdot E} = \frac{\gamma g}{E} t \Delta t$$

ただし γ：密度，g：重力の加速度．

ゆえに全長 L の収縮量 ΔL は

$$\Delta L = \frac{\gamma g}{E} \int_0^L t dt = \frac{\gamma g}{2E} L^2 \tag{4.2}$$

となる．

この式から見ると，断面積には影響されないことがわかる．

[例 4.2]　$E = 210 \times 10^3 \text{N/mm}^2$，$\gamma = 7.9 \times 10^{-6} \text{ kg/mm}^3$ の条件で $L = 50$，1000 mm の ΔL を式4.2から求めよ．

（解）
$$\Delta L = \frac{77 \times 10^{-6}}{2 \times 210 \times 10^3} L^2 \quad (\mu \text{m})$$

$L = 50$ mm のとき $\Delta L = 0.0005 \ \mu$m，$L = 1000$ mm のとき $\Delta L = 0.18 \ \mu$m となる．自重による影響は無視できるが，長尺の被測定物の場合はその測定要求精度から見て，補正を行う必要が生ずることもある．

4.3　ヘルツの弾性接近量

2つの曲面または1つの曲面と平面とが，ある力により押し付けられているとき，この接触点は弾性変形が生ずる．この変形量をヘルツ(Hertz)の弾性接近量と呼んでいる．（力が大きくなると，接触点は永久変形が生ずるが，一般に測定力は小さく弾性限度以内である．）

精密測定においては，被測定物に測定力が働くので，この弾性変形はまぬかれない．ことに基準器と被測定物との材質，形状などが相違したときはこの接

近量は無視できない場合がある．

ブロックゲージを基準として，球の直径を測定力 P により測定したときに生じた弾性接近量 ΔL, Δd_1, Δd_2 を図 4.4 に示してある．

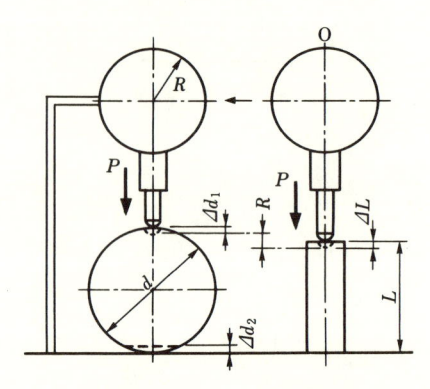

図 4.4 ヘルツの弾性接近量

この弾性接近量は，測定要求精度により当然考慮しなければならない．

指針測微器の読みを R とすると，図において

$$R = (d - \Delta d_1 - \Delta d_2) - (L - \Delta L)$$
$$d = R + L + \underline{\Delta d_1 + \Delta d_2 - \Delta L} \tag{4.3}$$

となる．

アンダーライン部が補正項である．

弾性接近量を δ とすれば，δ はヘルツによって導かれた式(4.4)から求められる[1]．

$$\delta = \frac{2k'}{\pi\mu}\left\{\frac{9}{512}(\theta_1+\theta_2)^2 \sum\rho \cdot P^2\right\}^{1/3} \tag{4.4}$$

ただし

$$\theta_1 = \frac{4(1-m_1^2)}{E_1}, \quad \theta_2 = \frac{4(1-m_2^2)}{E_2}$$

$$\sum\rho = \rho_{11} + \rho_{12} + \rho_{21} + \rho_{22}$$

$2k'/\pi\mu$ は，式(4.5)で求められる $\cos\tau$ の関数であり，この値を表 4.1 に示してある．

4.3 ヘルツの弾性接近量

表 4.1 $2k'/\pi\mu$ と $\cos\tau$ [2)]

$\cos\tau$	0	0.1	0.2	0.3	0.4	0.5	0.6
$2k'/\pi\mu$	1.000	0.998	0.991	0.979	0.962	0.938	0.904
$\cos\tau$	0.7	0.8	0.9	0.95	0.99	0.995	1.000
$2k'/\pi\mu$	0.859	0.792	0.680	0.577	0.384	0.320	0

$$\cos\tau = \{(\rho_{11}-\rho_{12})^2 - 2(\rho_{11}-\rho_{12})(\rho_{21}-\rho_{22})\cos 2\omega \\ + (\rho_{21}-\rho_{22})^2\}^{1/3}/(\rho_{11}+\rho_{12}+\rho_{21}+\rho_{22}) \qquad (4.5)$$

両者の接触点における主曲率を ρ_{11}, ρ_{12}, ρ_{21}, ρ_{22} とし, ヤング率を E_1, E_2, ポアソン比を m_1, m_2 とする(1,2 は接触断面における互いに直角な方向を表す).

ω は主曲率 ρ_{11}, ρ_{21} の平面が構成する交差角である. 図 4.5 にこれら関係を示す[2)].

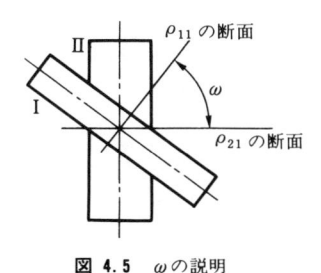

図 4.5 ω の説明

図 4.4 に示す測定条件では, 測定力 P と被測定物の自重を考慮する必要があり, Δd_2 は $P =$ (測定力+自重) として計算しなければならない.

式(4.4)で求められた δ と実験値とは, 実験値の方が 10% 程度小さいことが報告されている.

式(4.4)で計算された δ に対して 0.9 を乗じた値になるように, 被測定物の形状と測定機器の測定子の形状および材質によって求められる定数 k を修正し, 式(4.4)の弾性接近量 $\delta(\mu m)$ と測定力 $P(N)$ との関係式を簡易化した式を表 4.2 に, 定数 k の値を表 4.3 に示してある[3)].

また参考までにポアソン比, ヤング率を表 4.4 に示した.

表 4.2 弾性接近量の簡易式[3]

2物体の組合せ	接近量 $\delta\mu$m	$\cos\tau$	備考
球と球	$k_1\left\{\left(\dfrac{1}{r_1}+\dfrac{1}{r_2}\right)P^2\right\}^{1/3}$	0	r：球の半径 mm
球と平面	$k_2\left(\dfrac{P^2}{2r}\right)^{1/3}$	0	r：球の半径 mm
球と円筒	$k_3\dfrac{2k'}{\pi\mu}\left\{\left(\dfrac{1}{r}+\dfrac{1}{D}\right)P^2\right\}^{1/3}$	$\dfrac{r}{r+D}$	r：球の半径 mm D：円筒の直径 mm
円筒と円筒（直交）	$k_4\dfrac{2k'}{\pi\mu}\left\{\left(\dfrac{1}{D_1}+\dfrac{1}{D_2}\right)P^2\right\}^{1/3}$	$\dfrac{D_2 \sim D_1}{D_2+D_1}$	D_1：円筒の直径 mm D_2：〃
円筒と平面	$k_5\dfrac{P}{L}\left(\dfrac{1}{D}\right)^{1/3}$		D：円筒の直径 mm L：接触長さ mm

注) 円筒と平面の式は，Bochman の実験式．

表 4.3 k の値

測定子	鋼	超硬	超硬	超硬
被測定物	鋼	鋼	セラミック（ジルコニア：ZrO_2）	プラスチック（ポリアセタール：POM）
k_1	0.32	0.26	0.26	3.6
k_2	0.42	0.32	0.32	4.6
k_3	0.32	0.26	0.26	3.6
k_4	0.32	0.26	0.26	3.6
k_5	0.05	0.04	—	—

表 4.4 ヤング率，ポアソン比

材料	鋼	超硬	ジルコニア	プラスチック(POM)
ヤング率（N/mm²）	210×10^3	500×10^3	210×10^3	3×10^3
ポアソン比	0.29	0.2	0.31	0.36

［例 4.3］ 測定力 10 N のマイクロメータで直径 5，10 mm の 2 個の鋼球の直径を測定した．弾性接近量はおのおのいくらか．ただしマイクロメータのアンビル，スピンドルは平行平面で超硬チップ付きである．

4.3 ヘルツの弾性接近量

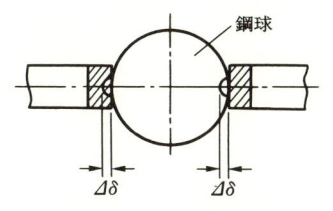

図 4.6 測定状態

(**解**) 表 4.2, 4.3 および図 4.6 より

$$\sum \delta = 2\varDelta\delta = 2k_2\left(\frac{P^2}{2r}\right)^{1/3}$$

5 mm：

$$\sum \delta = 2\times 0.32\times\left(\frac{10^2}{5}\right)^{1/3} = 1.7\ \mu\text{m}$$

10 mm：

$$\sum \delta = 2\times 0.32\times\left(\frac{10^2}{10}\right)^{1/3} = 1.4\ \mu\text{m}$$

[**例 4.4**] 呼び寸法 50 mm のブロックゲージ（鋼）を基準として円筒（鋼）の直径を図 4.7 に示すように比較測定した結果，指針測微器は，+0.0070 mm を指示した．測定力 10 N，測定子は超硬製，先端半径は 1.5 mm である．テーブルは鋼製，平面で大きさは 50×50 mm，被測定物の長さは 100 mm である．この被測定物の真の直径を求めよ．鋼の密度 $\gamma = 7.9\times 10^{-6}$ kg/mm³ である．ブロックゲージの自重は微小のため無視する．

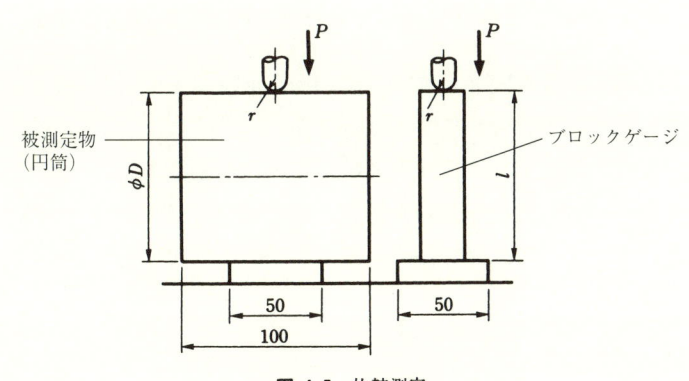

図 4.7 比較測定

(**解**)（1）ブロックゲージ（平面）と測定子（球）との測定力による弾性接近量を δ_1 とすれば

$$\delta_1 = k_2 \left(\frac{P^2}{2r}\right)^{1/3} = 0.32 \left(\frac{10^2}{3}\right)^{1/3} = 1.03 \ \mu\mathrm{m}$$

（2）円筒の上面と測定子との弾性接近量を δ_2 とすれば

$$\cos \tau = \frac{r}{r+D} = \frac{1.5}{1.5+50} = 0.029 \quad \therefore \quad \frac{2k'}{\pi\mu} \fallingdotseq 1$$

$$\delta_2 = k_3 \frac{2k'}{\pi\mu} \left\{\left(\frac{1}{r}+\frac{1}{D}\right)P^2\right\}^{1/3} = 0.26 \times 1 \left\{\left(\frac{1}{1.5}+\frac{1}{50}\right)10^2\right\}^{1/3} = 1.06 \ \mu\mathrm{m}$$

（3）円筒の下面とテーブルとの（測定力＋円筒の自重）による弾性接近量を δ_3 とすれば

$$\text{円筒の自重} = \pi \left(\frac{D}{2}\right)^2 L\gamma g = \pi \left(\frac{50}{2}\right)^2 \times 100 \times 7.9 \times 10^{-6} \times 9.8 = 15.2 \ \mathrm{N}$$

測定力＋自重＝10＋15.2＝25.2 N

$$\delta_3 = k_5' \frac{P}{L} \left(\frac{1}{D}\right)^{1/3} = 0.05 \times \frac{25.2}{50} \left(\frac{1}{50}\right)^{1/3} = 0.007 \fallingdotseq 0.01 \ \mu\mathrm{m}$$

指針測微器の読みを R とすれば，式(4.3)より

$$D = (l+R) + (\delta_2+\delta_3) - \delta_1$$
$$= (50.0070 + (0.00106+0.00001)) - 0.00103 = 50.00704 \fallingdotseq 50.0070 \ \mathrm{mm}$$

基準ブロックゲージと被測定物の材質が等しい場合には，補正はほとんど必要ない．

4.4 被測定物の支持法による変形

4.4.1 両センタまたはVブロックなどで片持はり的な支持方法

図4.8に示すような両センタで被測定物を支持して偏心を測定する場合，支持はりで中央部に測定力が負荷された条件と一致する．また(b)図のように真直度を測定する場合，片持はりで先端に測定力が働く条件と一致する．この場合測定力の負荷点におけるたわみを δ とすれば，δ は測定誤差の原因となる．

図において，E：ヤング率(N/mm²)，I：断面二次モーメント(mm⁴)，P：測定力(N)とする．

4.4 被測定物の支持法による変形

$$\delta = \frac{PL^3}{48EI}$$

（a）両端支持はり

$$\delta = \frac{PL^3}{3EI}$$

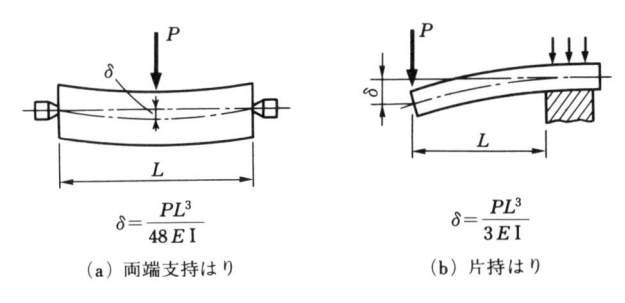

（b）片持はり

図 4.8　測定力によるたわみ

4.4.2　2点で支持する方法

長尺ゲージ・被測定物は，図 4.9〜4.11 に示すように横置きの姿勢または 2 点で支持する条件で測定されるが，次にあげるような問題が生ずる．

（1）　定盤上にベタ置きした場合

定盤上にベタ置きすると，図 4.9 のように定盤の平面度にならってたわみを生じ，平行平面の端度器では平行度誤差となる．直定規では真直度の誤差となってくる．

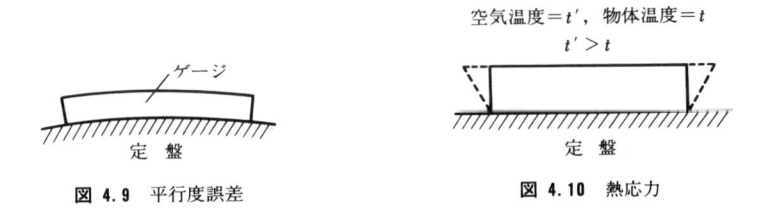

図 4.9　平行度誤差

図 4.10　熱応力

（2）　完全平面の定盤上にベタ置きした場合

温度変化に伴い膨張，収縮現象が生ずるが，定盤に接触している部分の伸縮現象が拘束され，図 4.10 に示すように，熱応力現象により，端度器の場合は平行度の誤差となる．

（3）　2点で支持した場合

支持間隔によってたわみ量が異なる．この支持方法については，はりの長さ $2l$，支点間の距離 $2a$ において，等分布荷重時のはりのたわみを考える．

図 4.11　2点支持はり

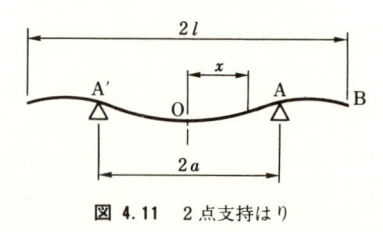

図4.11において，はりの中心を原点Oとし，たわみを y，傾斜を dy/dx とすれば，次のようになる．

O～A の間において

$$\frac{dy}{dx} = \frac{w}{EI}\left\{l\left(\frac{l}{2}-a\right)x + \frac{1}{6}x^3\right\} \tag{4.6}$$

$$y = \frac{w}{EI}\left\{\frac{l}{2}\left(\frac{l}{2}-a\right)x^2 + \frac{1}{24}x^4\right\} \tag{4.7}$$

A～B の間において

$$\frac{dy}{dx} = \frac{w}{6EI}\{l(l^2-3a^2) - (l-x)^3\} \tag{4.8}$$

$$y = \frac{w}{24EI}\{4la^3 - l^4 + 4l(l^2-3a^2)x + (l-x)^4\} \tag{4.9}$$

ここで　E：ヤング率

　　　　w：はりの単位長さの質量

　　　　I：はりの断面二次モーメント

これらの諸式を利用して，測定目的に最適な支点距離を求めなければならない．

(a) 平行平面の端度器を支持する場合

長尺ブロックゲージ，棒ゲージなどの端度器を支持する条件は，両端面が平行でなければならない．すなわち図4.11に示すはりの両端の傾斜 $dy/dx=0$ が条件である．

$x=l$ として，式(4.8)において $dy/dx=0$ とおくと

$$\frac{a}{l} = \frac{1}{\sqrt{3}} \tag{4.10}$$

となる．

全長を L とし，端面から支点までの距離を s_1 すれば

$$s_1 = 0.2113 \times L \tag{4.11}$$

で表される．この支点をエアリー点（Airy point）と呼んでいる．

100 mm をこえるブロックゲージの寸法は，図 4.12 に示すように水平に置き，測定面から $S = 0.211 \times L$ の 2 点で支持した姿勢における寸法である（JIS B 7506）．

（b）中立軸の長さが支え方によって受ける影響が最小の場合

中立面に目盛った直尺を支えるのに最適であり，端面から支点までの距離 s_2 は式 (4.12) で表される．

$$s_2 = 0.2203 \times L \tag{4.12}$$

この支点をベッセル点（Bessel point）と呼んでいる．

（c）支点間のたわみが最小で，中央のたわみが 0 の場合

定盤の平面度，直定規の真直度測定に利用され，支点距離 s_3 は

$$s_3 = 0.2386 \times L \tag{4.13}$$

で表される．

［例 4.5］ 呼び寸法 500 mm のブロックゲージを比較測定の基準器として使用するときの水平姿勢の支点位置を求めよ．

（解） $S = 0.211 \times L = 0.211 \times 500 = 105.5$ mm

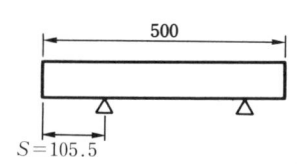

図 4.12 支点距離

4.4.3 測定機器の測定スタンドの剛性

ダイヤルゲージ，指針測微器などは，図 4.13(a)，(b) に示す測定スタンドに取り付けて使用される．ことに図 (b) は，強力な吸着力をもったマグネチックスタンドと呼ばれ現場用として多用されている．この測定スタンドは測定機器を取り付ける腕，支柱とベースからなっているが，これらの中には剛性不足により，たわみの生ずるものがある．

(a)[4]   (b)

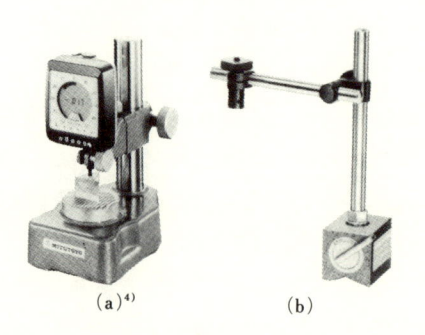

図 4.13 測定スタンド

　測定スタンドに加わる力は，測定力と測定機器の重量である．これらは一定であれば測定誤差の原因とはならないが，測定力は測定範囲の始点と終点において，また測定スピンドルの移動方向によっても変化するので，これによりたわみ量が異なり，測定誤差の生ずる原因となる．図(b)に示すマグネチックスタンドの中には支柱，腕の直径が小さく剛性不足のものもあり，またベースの吸着力の劣化したものなどにより無視できない誤差が生ずることがある．測定力 P により，スタンドの支柱および腕のたわみ現象を図 4.14 に示してある．このたわみによる指示値の変化 δ は次式により求められる[5]．

$$\delta = \frac{Pl_1^2 L_2}{E_1 I_1} + \frac{Pl_1^3}{3E_2 I_2} \tag{4.14}$$

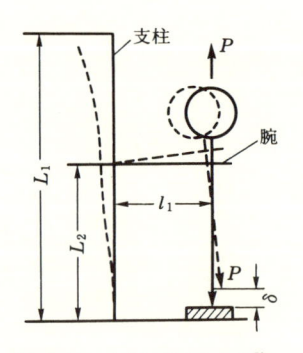

図 4.14 スタンドのたわみ[5]

ここで　I_1, I_2：支柱，腕の断面二次モーメント

　　　　E_1, E_2：支柱，腕のヤング率

　現在市販されているマグネチックスタンドの仕様の中で，剛性の低いと判断されるものについて例をあげて，図 4.15 の条件で使用したとすると，式(4.14)より δ は次式となる．

$$\delta = 0.026P \quad (\text{mm}) \tag{4.15}$$

ただし，$E_1, E_2 = 210 \times 10^3 \, \text{N/mm}^2$

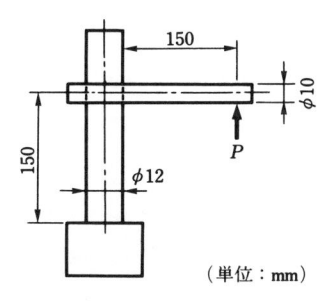

図 4.15　たわみ量の計算条件

　目量 0.001 mm ダイヤルゲージ（JIS B 7509）のスピンドルの運動方向の相違による測定力の差は 0.9 N である．式(4.15)に代入すると $\delta = 0.023$ mm となり，無視できない値となる．

[演習問題]

4.1　超硬付マイクロメータ（測定力 10 N）により，鋼製ピンゲージの直径を測定した結果，10.002 mm が得られた．このときの弾性接近量を求めよ．ただし，マイクロメータのスピンドル，アンビルの直径は 6.35 mm である．

4.2　呼び寸法 750 mm のブロックゲージを横において使用するときの支点の名称と支持位置を求めよ．

4.3　図 4.15 の条件で，JIS B 7503 0.01 mm 目盛ダイヤルゲージを使用したときの δ の値を求めよ．

5

測定機器と測定精度

5.1 はじめに

　被測定物は円筒, 球, 平行平面などいろいろな形状がある. 測定子と測定テーブルはこの形状に応じた形状, 大きさを組み合わせ, 最良の測定精度が得られるように配慮しなければならない.
　マイクロメータの特殊形状アンビル, スピンドルの代表例を図 5.1 に示す. 被

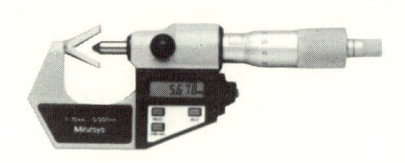

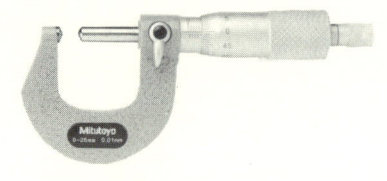

(a) V溝マイクロメータ　　　　　(b) 両球面マイクロメータ

図 5.1　特殊マイクロメータ[2]

図 5.2　横型測長器[3]　　　　　図 5.3　縦型測長器[2]

5.1　はじめに

測定物の形状に応じて，適切な測定が可能である．

横型測長機の平行平面測定子（ナイフエッジ型）により，軸の直径を測定している例を図5.2に示してある．また縦型測長器により，平行平面の被測定物を平面テーブルと球状測定子により測定している例を図5.3に示してある．

これら測定子と被測定物との最適組合せ条件といわれているものを表5.1に示す．

表 5.1　測定子と被測定物との組合せ

被測定物形状	測定子	テーブル
平行平面	球面	平面
円筒	平面*	平面
	球面	平面
球	平面	平面

* ナイフエッジ型を採用することがある．

測定子と被測定物との接触状況を図5.4に示す．

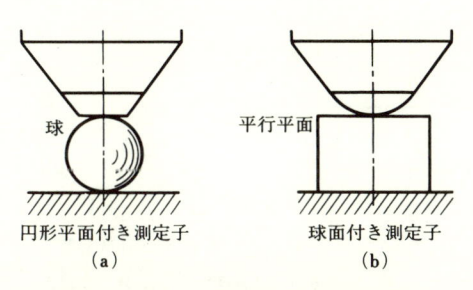

図 5.4　測定子と被測定物との接触状況[1]

図において，（a）は球を平面測定子により測定し，（b）は平行平面の被測定物を球状測定子により測定している例である．

円筒形状の被測定物の測定条件として，以下のように規格化されている．

DIN 2269によればピンゲージ（cylindrical measuring pin）の直径は平行平面の測定子により，その平行度は$0.2\,\mu$m以内，測定力2Nの条件で測定するよう規定されている．

またFed. Spec. GGG-W-366aにおいて，歯車オーバピン測定用，テーパ測定用は平行平面測定子を使用して，測定力4.5Nの条件で測定するように規定されている．

測定子の形状，測定力などの条件が測定精度に及ぼす影響は無視できない点から規格化されたものである．

5.2 測定子，測定テーブルの形状精度の影響

(1) 平行度の影響

平行平面測定子の平行度を完全に保持することは困難である．

図5.5に示すように平行度の誤差 $\Delta\theta$ をもつ測定子により，直径 D を測定したときの誤差を ΔD とすると，次式を得る．

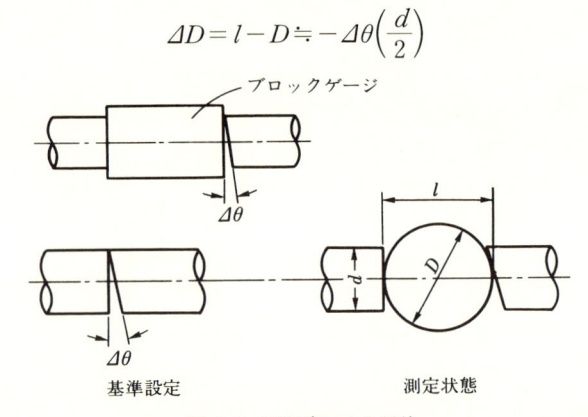

$$\Delta D = l - D \fallingdotseq -\Delta\theta\left(\frac{d}{2}\right)$$

図 5.5 平行度による誤差

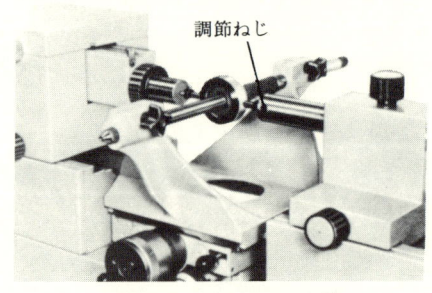

図 5.6 平行度調節装置[1]

精密測定機の中には，この平行度の誤差を防止するために，図5.6に示すような調整ねじにより調節する機構が設けてある．

測定子が固定式の場合は平行度の調節ができないが，図5.7に示すように，ラップ治具により平行度を修正するように指示している機種もある．

図 5.7 平行度修正治具[4]

(2) 平面度の影響

平面度は平行度に影響するものであるが，ここでは測定子が部分的に摩耗したときの誤差への影響について，図5.8に例示してある．

円筒形状の被測定物を多量にまたは長期間にわたり測定したときに，図示のように，測定テーブルおよび測定子は局部的に摩耗するため，$(\delta_1+\delta_2)$の誤差の生ずる原因となる．

基準器と被測定物の形状が同一であれば，この誤差はある程度防止できる．

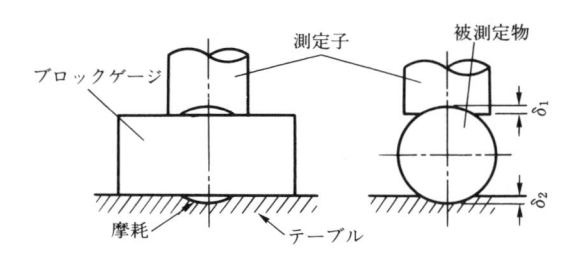

図 5.8 測定子，テーブルの摩耗

6 目盛尺

6.1 目盛に関する用語とその定義

　目盛に関する用語は過去から使用されている現場的用語とJIS Z 8103に規定されたものとが混用されている．このためこれらを明確化する必要がある．目盛の用語に関する解説図を図6.1に示す．

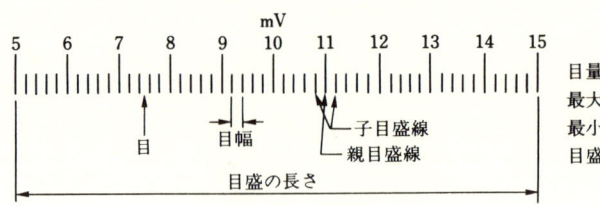

図 6.1　目盛に関する解説 (JIS Z 8103)

　代表的な定義を次にあげる[1]．
　　目幅（scale spacing）：　　相隣る目盛線の中心距離
　　目　　（scale division）：　相隣る目盛線で区切られた部分
　　目量（scale interval）：　　目幅に対応する測定量の大きさ
　従来よく使用されている一目 $1\,\mu m$ とか $0.01\,mm$ というときは，目量を表している．また目量のことを一目の読みと呼ぶことがある．
　ディジタル式測定機器の場合は，目量に相当する最小桁の値を最小表示量と呼んでいる．

6.2 金属製直尺

金属製直尺（metal rules）は現場測定器として広く使用されている．
この精度および形状は JIS B 7516 に規定されている．その形状を図 6.2 に示す．

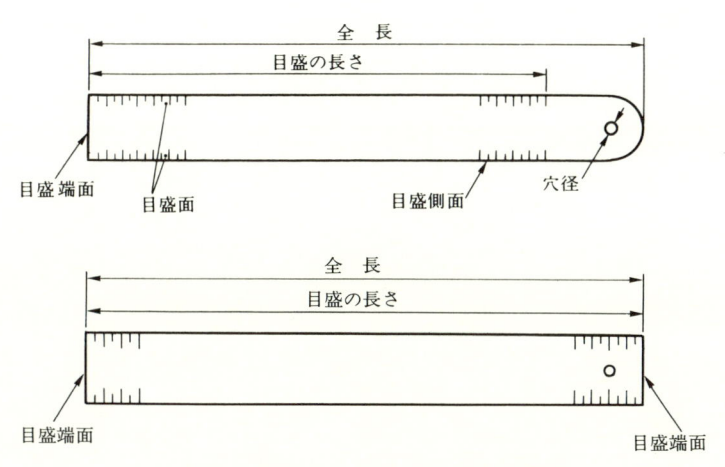

図 6.2 金属製直尺の各部の名称（JIS B 7516）

この図から明らかなように，直尺は目盛端面を基準として使用するすなわち（端度器＋線度器）の複合した使用方法と目盛線間の長さを基準とする線度器として使用する方法がある．

長さの許容差を表 6.1 に示す．この許容差は目盛端面からの長さおよび任意の 2 目盛線間の長さが適用される．

使用上の注意事項
（1）目盛端面の摩耗，かえりの発生の有無を確認すること．
（2）目盛側面の真直度は表 6.2 に示すように，大きな値を許容されているので，直定規の代用として使用しないこと．
（3）一般に市販されている直尺は，JIS 1級と表示されているので，表 6.1 の許容差の値を理解しておくこと．

表 6.1 長さの許容差（単位 mm）

長さ	等　級	
	1 級	2 級
500 以下	±0.15	±0.20
500 を越え 1000 以下	±0.20	±0.30
1000 を越え 1500 以下	±0.25	±0.40
1500 を越え 2000 以下	±0.30	±0.50

表 6.2 目盛側面の真直度（単位 mm）

長さ	真直度	
	1 級	2 級
150	0.23 以下	0.36 以下
300	0.26 以下	0.42 以下
600	0.32 以下	0.54 以下
1000	0.40 以下	0.70 以下
1500	0.50 以下	0.90 以下
2000	0.60 以下	1.10 以下

6.3　標　準　尺

　目量 1 mm で測微読取装置と併用して使用する標準尺について，JIS B 7541 に規定されている．標準尺の各部の名称および断面形状は図 6.3, 6.4 に示す．
　材料は，金属またはガラス製の2種類で，その熱膨張係数は原則として $(11.5±1.5)×10^{-6}/°K$ の範囲にあるものとする．
　任意の2線間の寸法誤差は次式により求められた値である．

01級　$\left(1+\dfrac{1}{1000}L\right)\mu m$　　1級　$\left(5+\dfrac{5}{1000}L\right)\mu m$

0級　$\left(2+\dfrac{2}{1000}L\right)\mu m$　　2級　$\left(10+\dfrac{10}{1000}L\right)\mu m$

　　　　　　　　　　　　　　　　　　3級　$\left(15+\dfrac{15}{1000}L\right)\mu m$

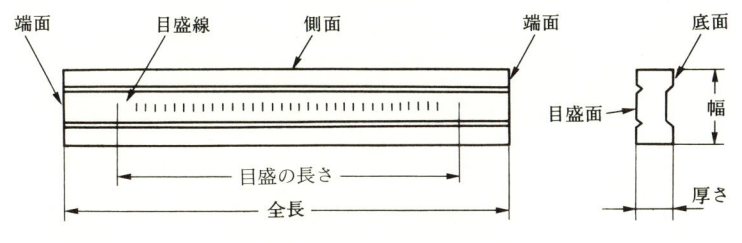

図 6.3 標準尺の各部の名称

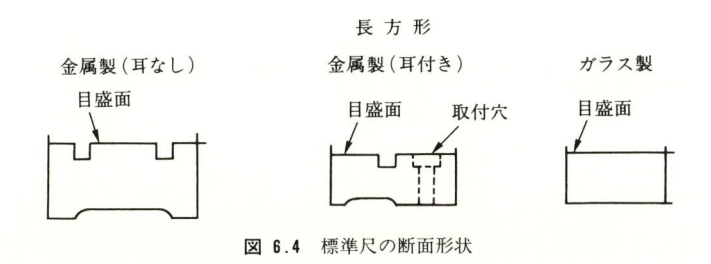

図 6.4 標準尺の断面形状

[演習問題]

6.1 目幅と目量との相違を説明せよ．
6.2 金属製直尺の使用上の注意事項をあげて説明せよ．

7
標準ゲージ

7.1 標準ゲージ

　標準ゲージは長さの測定において，寸法の基準として使用されるものであり，ブロックゲージはその代表的なものである．標準ゲージとして使用されているものを，表7.1に示す．

表 7.1　標準ゲージの種類

被測定物の形状		標　準　ゲ　ー　ジ
平行平面	外側	ブロックゲージ，棒ゲージ
	内側	はさみゲージ，ブロックゲージとその付属品
円筒	外側	プラグゲージ（ピンゲージ），ローラゲージ
	内側	リングゲージ
球	外側	ボール

　高精度なプラグゲージ（ピンゲージ），リングゲージが供給されるようになり，平行平面の測定面をもつブロックゲージに代わり，被測定物と等しい形状の標準ゲージを使用することにより，形状の相違により発生する系統誤差をある程度防止することができる点から次第に使用されつつある．

7.2 ブロックゲージ

　ブロックゲージ（block gauges）は長方形の断面をもつ直六面体のうち，相対する平行平面を測定面とする端度器である．この端度器は1つの寸法を現示するのみであるが，多数の異なる寸法のブロックゲージをセットとして供給さ

れており，何個かのブロックゲージの組合せにより所望の寸法を求めることができること，および測定面間の距離が高精度であるという大きな特徴をもっているため，測定の基準として広く使用されている．

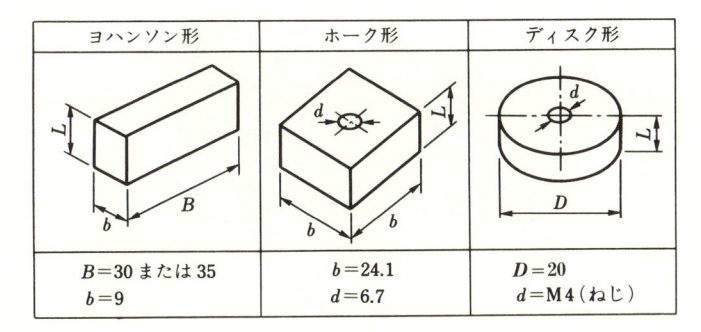

7.2.1 ブロックゲージの形状

ブロックゲージはヨハンソン形として知られているもの以外に，断面形状が正方形（Hoke gage blocks と呼ばれている）および円筒形状（space gauges と呼ばれている）のものがある．これらは中心部に締結用の穴またはねじ穴があり，これを利用して確実に密着させるとともに，付属品の取付けが容易かつ確実に行うことができる．

これらの形状を図 7.1 に示す．

図 7.1 ブロックゲージの形状

ホーク形ゲージの使用例を図 7.2 に示す．100 mm 以上のヨハンソン形ブロックゲージは密着作業が困難となるため，図 7.3 に示す締結用穴があり，長尺ブロックゲージどうしおよび付属品との締結を確実にすることができる．

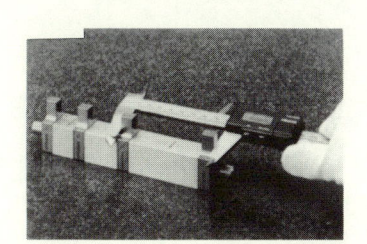

図 7.2 ホークゲージの使用例[1]

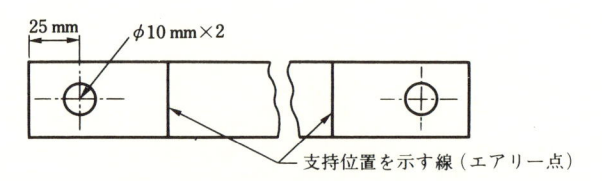

図 7.3　穴付きブロックゲージ

7.2.2　ブロックゲージの組合せ

ブロックゲージの呼び寸法およびその組合せの代表例を表 7.2 に，図 7.4 に 103 個組を示す．

図 7.4　103 個組[1)]

図 7.4 の組合せのセットによれば，実用的には最大約 300 mm まで 5 μm とびに任意の寸法をつくり出すことができる．

いま，32.785 mm の寸法基準を組み立てる寸法構成の数例を次にあげる．

```
    1.005           1.005           1.005
    1.28            1.28            1.28
    5.5            10.5            14.5
  +25             +20             +16
  ──────          ──────          ──────
   32.785          32.785          32.785
```

この場合，25，20 mm は使用頻度が高くなるので避けることが望ましい．

7.2 ブロックゲージ

表 7.2 組合せ例

組数	寸法段階(mm)	呼び寸法(mm)	個数
112個組		1.0005	1
	0.001	1.001…1.009	9
	0.01	1.01・1.02…1.49	49
	0.5	0.5・1.0…24.5	49
	25	25・50・75・100	4
103個組		1.005	1
	0.01	1.01・1.02…1.49	49
	0.5	0.5・1.0…24.5	49
	25	25・50・75・100	4
76個組		1.005	1
	0.01	1.01・1.02…1.49	49
	0.5	0.5・1.0…9.5	19
	10	10・20・30・40	4
	25	50・75・100	3
56個組		0.5	1
	0.001	1.001・1.002…1.009	9
	0.01	1.01・1.02…1.09	9
	0.1	1.1・1.2…1.9	9
	1.0	1・2・3…24	24
	25	25・50・75・100	4

7.2.3 寸法精度

（1） 寸法精度の規格と寸法の定義

　JIS に規定されたブロックゲージの寸法公差および許容寸法偏差（平行度）を表7.3に示す．

　ブロックゲージの寸法とは，図7.5に示すように測定面上の点から他の測定

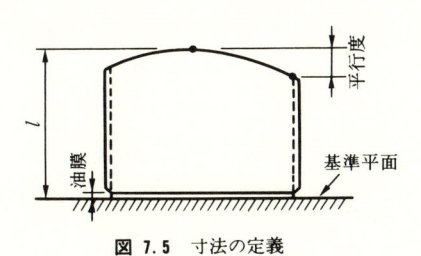

図 7.5 寸法の定義

7章　標準ゲージ

表 7.3　寸法公差及び許容寸法偏差（単位 μm）（JIS B 7506）

呼び寸法 (mm)		K級		0級		1級		2級	
を超え	以下	寸法公差 t_e (±)	許容寸法偏差 t_v	寸法公差 t_e (±)	許容寸法偏差 t_v	寸法公差 t_e (±)	許容寸法偏差 t_v	寸法公差 t_e (±)	許容寸法偏差 t_v
0.5	10	0.20	0.05	0.12	0.10	0.20	0.16	0.45	0.30
10	25	0.30	0.05	0.14	0.10	0.30	0.16	0.60	0.30
25	50	0.40	0.06	0.20	0.10	0.40	0.18	0.80	0.30
50	75	0.50	0.06	0.25	0.12	0.50	0.18	1.00	0.35
75	100	0.60	0.07	0.30	0.12	0.60	0.20	1.20	0.35
100	150	0.80	0.08	0.40	0.14	0.80	0.20	1.60	0.40
150	200	1.00	0.09	0.50	0.16	1.00	0.25	2.00	0.40
200	250	1.20	0.10	0.60	0.16	1.20	0.25	2.40	0.45
250	300	1.40	0.10	0.70	0.18	1.40	0.25	2.80	0.50
300	400	1.80	0.12	0.90	0.20	1.80	0.30	3.60	0.50
400	500	2.20	0.14	1.10	0.25	2.20	0.35	4.40	0.60
500	600	2.60	0.16	1.30	0.25	2.60	0.40	5.00	0.70
600	700	3.00	0.18	1.50	0.30	3.00	0.45	6.00	0.70
700	800	3.40	0.20	1.70	0.30	3.40	0.50	6.50	0.80
800	900	3.80	0.20	1.90	0.35	3.80	0.50	7.50	0.90
900	1000	4.20	0.25	2.00	0.40	4.20	0.60	8.00	1.00

（注）　呼び寸法の 0.5 mm は，この寸法区分に含まれる．
K級は光波干渉法により校正（測定）し，他の等級のブロックゲージの校正に用い，常に校正証明書とともに使用する．

面に密着させた同一材質，同一表面状態の基準平面までの距離である．ゆえに油膜の厚さが含まれている．

（2）　寸法の経年変化

鋼製ブロックゲージは測定面の硬さ（JIS 800 HV 0.5 以上）を保つため焼入れ処理を行うが，この焼入れ時の残留オーステナイトの変態により徐々に寸法変化を生ずる．これを経年変化（secular change）と呼んでいる．

これを防止するため安定化処理を行っているが，完全に安定化させることは困難である．

JIS では，寸法の安定度として表 7.4 に示す許容値を規格化している．

測定精度を考慮して定期検査を実施して，器差を明らかにしておき，トレーサブルな管理が重要である．

表 7.4 寸法の安定度（JIS B 7506）
(単位 μm/年)

等級	変化量の許容値
K, 0	± $(0.02+0.00025 \cdot l_n)$
1, 2	± $(0.05+0.0005 \cdot l_n)$

l_n：mm で表した呼び寸法

7.2.4 密　　着

ブロックゲージの特徴の1つにゲージどうしがお互いに密着することがあげられる．

2個のブロックゲージの測定面をきれいに拭き，図7.6に示すように軽く押し付け回転させるかスライドさせると，お互いに吸着するような現象が生ずる．これを密着（wringing）と呼んでいる．

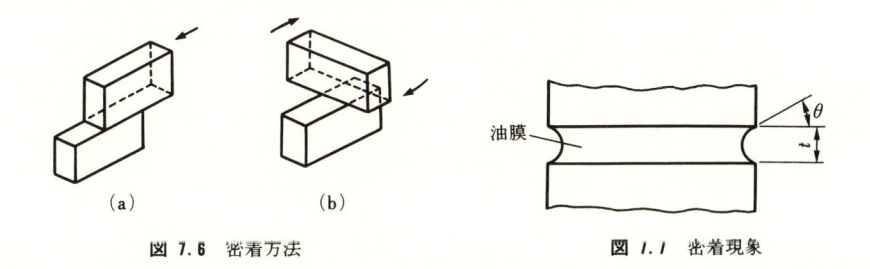

図 7.6 密着方法

図 7.7 密着現象

この現象は測定面に介在する油の表面張力によるものであり，この密着力を F とすれば，式(7.1)で表される．

$$F = \frac{2A\sigma \cos \theta}{t} \tag{7.1}$$

ここに，図7.7において，A：密着面積(cm^2)，σ：表面張力(N/cm)，θ：接触角(°)，t：油膜の厚さ (cm) である．

一般に密着力は200 N程度である*．しかし密着を引き離すときは，油の粘性

---

* 実用条件 $A=3.15\ cm^2$，$t=0.01\ \mu m$，$\sigma=3.4\times10^{-4}$ N/cm，$\theta=85°$ を代入すると，$F=187\ N ≒ 20\ kgf$ となる．

が加味されるために 300 N 程度になる．

ブロックゲージは数個密着して使用することが多く，この場合の油膜の厚さの影響を考えてみる．

図 7.8 おいて，実際の密着合成長 L は

$$L = l_1 + l_2 + l_3 + l_4 - \Delta l_4$$

となる．

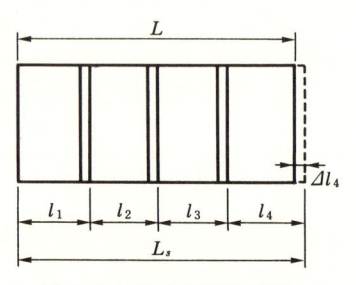

図 7.8 密着時の油膜の影響

ゆえに，理論長さを L_s とすれば

$$L - L_s = -\Delta l_4$$

となる．油膜の厚さは，0.01 μm 程度といわれているため，確実に密着されていれば使用上問題はない．

7.2.5 ブロックゲージの付属品

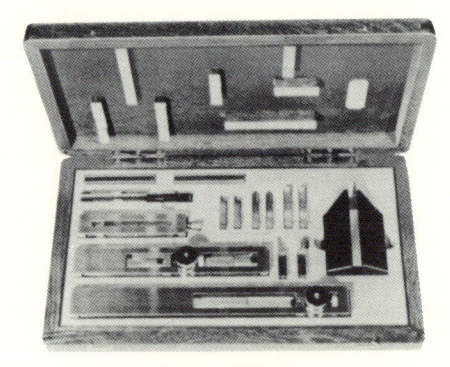

図 7.9 付属品[2]

ブロックゲージには図7.9に示すような付属品があり，これらを併用すればその用途も広くなってくる．

図7.10に使用例を示す．

(a) ベースブロック，ホルダ，スクライバによるケガキ工具あるいはハイトゲージ　(b) 平形ジョウ，ホルダによる外側基準，内側基準　(c) 丸形ジョウ，ホルダによる外側基準，内側基準

図 7.10　付属品の使用例[2]

7.3　基準棒ゲージ

基準棒ゲージはブロックゲージと同等の精度をもつものであり，長さの基準として広く使用されている．図7.11に基準棒ゲージのセットの例を示してある．

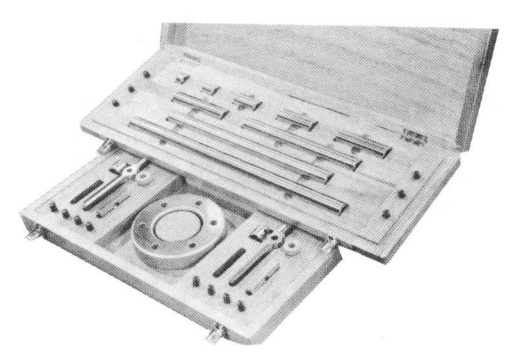

図 7.11　基準棒ゲージ[3]

7章 標準ゲージ

表 7.5 棒ゲージの精度規格 (BS 5317)

Units μm

Size mm up to	Grade Reference			Grade Calibration			Grade 1			Grade 2		
	F	P	L	F	P	L	F	P	L	F	P	L
25	0.08	0.08	±0.08	0.08	0.08	±0.15	0.15	0.16	+0.40 −0.20	0.25	0.30	+0.75 −0.35
50	0.08	0.10	±0.12	0.08	0.10	±0.20	0.15	0.18	+0.60 −0.20	0.25	0.30	+0.95 −0.45
75	0.10	0.16	±0.15	0.10	0.16	±0.30	0.15	0.18	+0.70 −0.30	0.25	0.35	+1.20 −0.50
100	0.10	0.16	±0.20	0.10	0.16	±0.35	0.18	0.20	+0.85 −0.35	0.25	0.35	+1.40 −0.60
125	0.10	0.20	±0.25	0.10	0.20	±0.45	0.18	0.20	+1.00 −0.40	0.25	0.40	+1.60 −0.70
150	0.10	0.20	±0.30	0.10	0.20	±0.50	0.18	0.20	+1.10 −0.50	0.25	0.40	+1.80 −0.80
175	0.15	0.20	±0.30	0.15	0.20	±0.60	0.20	0.25	+1.25 −0.55	0.25	0.40	+2.00 −0.90
200	0.15	0.20	±0.35	0.15	0.20	±0.65	0.20	0.25	+1.40 −0.60	0.25	0.40	+2.20 −1.00
225	0.15	0.20	±0.40	0.15	0.20	±0.70	0.20	0.25	+1.40 −0.60	0.25	0.40	+2.20 −1.00
250	0.15	0.30	±0.40	0.15	0.30	±0.80	0.20	0.25	+1.40 −0.60	0.25	0.40	+2.20 −1.00
275	0.15	0.30	±0.45	0.15	0.30	±0.90	0.20	0.25	+1.40 −0.60	0.25	0.40	+2.20 −1.00
300	0.15	0.30	±0.50	0.15	0.30	±0.95	0.20	0.25	+1.40 −0.60	0.25	0.40	+2.20 −1.00
375	0.15	0.30	±0.50	0.15	0.30	±0.95	0.20	0.35	+2.40 −1.00	0.25	0.50	+3.70 −1.60
400	0.15	0.30	±0.65	0.15	0.30	±1.30	0.20	0.35	+2.50 −1.10	0.25	0.50	+3.90 −1.70
500	0.15	0.30	±0.80	0.15	0.30	±1.60	0.20	0.35	+2.50 −1.10	0.25	0.50	+3.90 −1.70
575	0.15	0.30	±0.80	0.15	0.30	±1.60	0.20	0.40	+3.50 −1.50	0.25	0.70	+5.40 −2.30
600	0.15	0.30	±0.95	0.15	0.30	±1.90	0.20	0.40	+3.65 −1.55	0.25	0.70	+5.60 −2.40
700	0.15	0.30	±1.10	0.15	0.30	±2.20	0.20	0.40	+3.65 −1.55	0.25	0.70	+5.60 −2.40
775	0.15	0.30	±1.10	0.15	0.30	±2.20	0.20	0.50	+4.60 −2.00	0.25	0.80	+7.10 −3.00
800	0.15	0.30	±1.25	0.15	0.30	±2.50	0.20	0.50	+4.60 −2.00	0.25	0.80	+7.10 −3.00
900	0.15	0.30	±1.40	0.15	0.30	±2.80	0.20	0.50	+4.60 −2.00	0.25	0.80	+7.10 −3.00
1000	0.15	0.30	±1.55	0.15	0.30	±3.10	0.20	0.50	+4.60 −2.00	0.25	0.80	+7.10 −3.00
1200	0.15	0.30	±1.85	0.15	0.30	±3.70	0.20	0.50	+4.60 −2.00	0.25	0.80	+7.10 −3.00

F:平面度, P:平行度, L:寸法許容値

基準棒ゲージの精度は, BS 5317 に規格化されており, 表 7.5 に示す.

ゲージの形状は, 円筒形で直径は 22 mm, 測定面は平面である. 等級が参照用 (reference grade), 検定用 (calibration grade) はブロックゲージと同様に密着して使用する.

等級 1, 2 級は, 図 7.12 に示すように, M 10×1.5 のねじにより締結する方法がとられている.

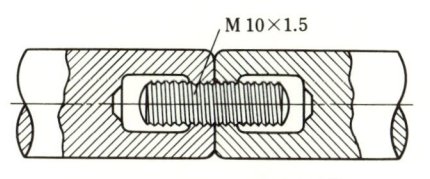

図 7.12 棒ゲージ締結方法[3]

7.4 基準プラグゲージ

基準プラグゲージ（standard plug gauges）はマスタプラグゲージまたはマスタセッチングゲージとも呼ばれるもので，測定時の基準の設定に使用される．代表例を図7.13に示す．

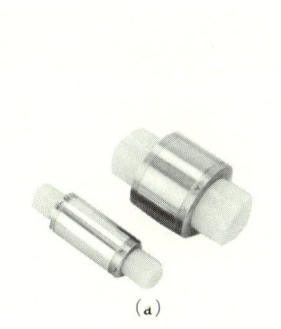

図 7.13 マスタプラグゲージ[4,5]

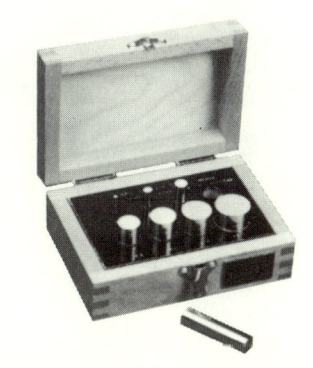

図 7.14 マイクロメータ点検ゲージ[4]

マイクロメータの精度点検用として，図7.14に示すゲージセットがある．
ゲージの直径は3.1〜25.0 mmで8個で構成されている．スピンドルのねじのピッチ誤差，酔歩誤差，アンビルとスピンドルとの平行度誤差を点検するこ

表 7.6 組合せ内容（単位 mm）[4]

3.1	6.5	9.7	12.5
15.8	19.0	21.9	25.0

表 7.7 ピンゲージの精度[6]
（単位 μm）

直径公差	±0.3
円筒度	0.5
真円度	0.5

とが可能であるような寸法の組合せで，その内容を表7.6に示す．

　基準プラグゲージの直径が0.001 mm 間隔の組合せで，表7.7に示すようなサブミクロンの精度のプラグゲージで，ピンゲージと呼ばれているゲージが市販されている．

　直接穴径を官能的に測定する方法であるが，その測定精度は高く評価されている．またブロックゲージの代わりとして，測定の基準として採用されている．

[演習問題]

7.1 ブロックゲージの寸法の定義を述べよ．
7.2 経年変化とは何か，その原因と防止法について述べよ．
7.3 ブロックゲージの密着現象の生ずる原因を述べよ．

8

限界プレーンゲージ

8.1 はじめに

　産業界でつくられている各種機械を構成する部品のはめあい箇所，たとえば軸と穴の製作精度は主として，JIS B 0401 寸法公差およびはめあいが適用されている．

　これらの部品はその形状，生産量，要求精度などを考慮して，最適な測定機器により測定，検査が行われる．しかし部品寸法が指示された寸法公差内に合格しているか否かの判定で十分である場合は，限界プレーンゲージ (Plain limit gauges) を使用することが多い．（以下限界ゲージと呼ぶ）

　すなわち図 8.1 に示すように，最大寸法 A, a, 最小寸法 B, b の製品公差が指示されている部品は，限界ゲージにより通り側 (go side) で通り，止まり側 (not go side) では通らないものが合格品である，と判定するシステムで十分であると判断されることが多く，未熟練者でも容易に良・不良の判断が可能である点から製造現場，検査において多用されている．

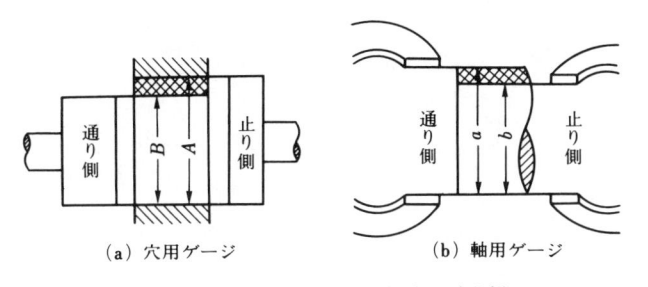

(a) 穴用ゲージ　　　　(b) 軸用ゲージ

図 8.1　限界ゲージ通り側と止り側

8.2 限界ゲージの種類

限界ゲージの種類は，軸用・穴用に大別され，通り側・止り側また検査される部品の材質すなわち剛性部品とプラスチックなどの非剛性部品により使い分けられる．表8.1および図8.2～8.9に示す．

表 8.1 限界ゲージの形式と選択（使用範囲 120 mm 以下）（JIS B 7420）

検査される部品	区分	穴 用		軸 用	
		ゲージ形式	使用範囲	ゲージ形式	使用範囲
剛性部品	通り側	全形プラグゲージ 部分プラグゲージ	～120 mm 10～120 mm	リングゲージ 挟みゲージ	～120 mm ～120 mm
	止り側	全形プラグゲージ 棒ゲージ 逃げ面付部分プラグゲージ	～120 mm 6～120 mm 6～120 mm	挟みゲージ リングゲージ	～120 mm ～120 mm
非剛性部品	通り側	全形プラグゲージ	～120 mm	リングゲージ	～120 mm
	止り側	全形プラグゲージ 逃げ面付部分プラグゲージ	～120 mm 10～120 mm	リングゲージ	～120 mm

限界ゲージは，棒ゲージ，挟みゲージを除き，通り側は検査対象箇所の広範囲の寸法を同時に検査し，止り側は，狭範囲の寸法を検査する形状となっている．これをゲージに関するテーラの法則と呼んでいる．

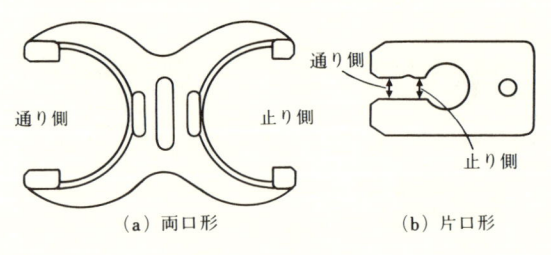

(a) 両口形　　(b) 片口形

図 8.2 挟みゲージ

8.2 限界ゲージの種類

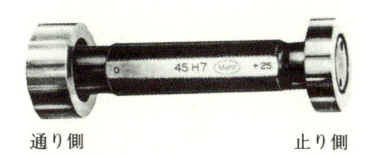

図 8.3 全形プラグゲージ[1]

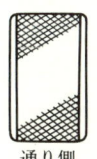

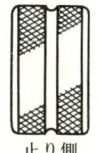

図 8.4 リングゲージ

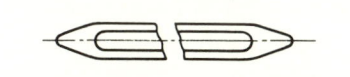

図 8.5 棒ゲージ
（通り側，止り側ゲージ一対で使用する）

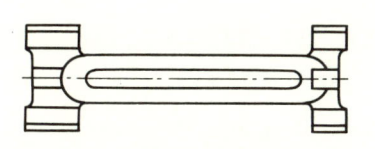

図 8.6 部分プラグゲージ

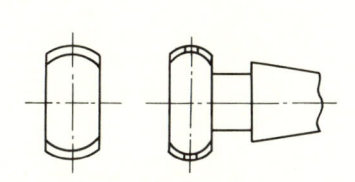

図 8.7 逃げ面付部分プラグゲージ

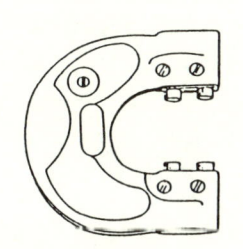

図 8.8 調整式挟みゲージ

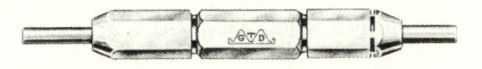

図 8.9 プラグゲージ（ピンゲージ差替式）[2]

　図8.8は調整式挟みゲージで，ゲージの摩耗したときに調整可能である．図8.9はピンゲージ差替式で，ピンゲージのセットを保有していると，呼び寸法または寸法公差の異なった部品の検査への対応が容易である．

8.3 限界ゲージの製作公差

　限界ゲージは，指示寸法に対して誤差なく製作することは不可能であり，ゲージといえども製作公差を設ける必要がある．しかしこの公差を小さく規定することは，ゲージのコストアップとなるため，適切な公差を決める必要がある．またゲージを使用すると当然摩耗が考えられるが，この摩耗量を加味した公差を規定することは，ゲージの寿命の点から当然配慮しなければならない．

　またこれら限界ゲージを使用して検査を行ったとき，製品公差とゲージの製作公差との許容域の関係により，合格品が不合格に，不合格品が合格と判定されるという結果が生ずると問題となる．これらの諸点を考慮して，製作公差を規定しなければならない．

　ここでは，JIS 限界ゲージの公差とその許容域との関係について述べる．

　また補足として，ISO 286-1：1998 system of limits and fits に準じて，国際的に承認された寸法公差およびはめあい方式として，JIS B 0401：1998 寸法公差およびはめあいの方式—第一部：公差，寸法差およびはめあいの基礎が制定されているので，ゲージ公差に関する用語について簡単に記述する．

　MML，LML の解説
最大実体寸法（maximaum material limit：MML）
二つの許容限界寸法のうち形体の実体が最大となる方の寸法に適用する名称
すなわち MML＝最大実体寸法　外側形体（軸）の最大許容寸法（通り側）
　　　　　　　MML＝最大実体寸法　内側形体（穴）の最小許容寸法（通り側）
最小実体寸法（least material limit：LML）
二つの許容限界寸法のうち形体の実体が最小になる方の寸法に適用する名称
すなわち LML＝最小実体寸法　外側形体（軸）の最小許容寸法（止り側）
　　　　　　　LML＝最小実体寸法　内側形体（穴）の最大許容寸法（止り側）
（注）　JIS B 0401-1　寸法公差およびはめあいの方式を参照のこと．
MML，LML の解説図を図 8.10 に示す．
形体とは，寸法公差が指示されている機械部品のはめあい箇所をいう．

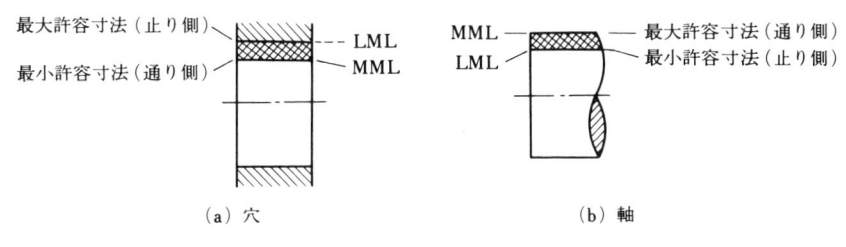

図 8.10 MML, LML の解説 (JIS B 0401)

8.3.1 限界ゲージの公差域と穴・軸公差との関係

(1) 限界ゲージの公差

限界ゲージの公差は，これに適応する穴・軸の公差等級に応じて，表 8.2 に示す．

表 8.2 限界ゲージの公差と穴・軸の公差等級との関係 (JIS B 7420)

ゲージの形式	ゲージ公差	穴・軸の公差 (T)			
		IT 6	IT 7	IT 8～IT 10	IT 11, IT 12
全形プラグゲージ 部分プラグゲージ 逃げ面付部分プラグゲージ	H	IT 2	IT 3	IT 3	IT 5
棒ゲージ	H_s	IT 2		IT 2	IT 4
リングゲージ	H_1	IT 3		IT 4	IT 5
挟みゲージ	H_1	IT 3		IT 4	IT 5

IT 13 以上は省略．

IT 13～IT 16 のゲージ公差および真円度・円筒度の公差は，JIS B 7420 を参照のこと．

（2） 限界ゲージの製品公差内摩耗しろ

ゲージは使用することにより摩耗することは当然考えられる．このためゲージの使用期間を可能な限り長くすることが必要である．

この対策として，製品公差内にゲージの摩耗しろを設定している．
（図 8.11 において z=穴用限界ゲージの穴公差内の摩耗しろ）

（3） 摩耗限界寸法

ゲージの使用限界寸法を規定して，廃却基準を設けている．

この限界寸法は，IT 6～IT 8 については，製品公差外に設定されている．
IT 9～IT 16 は MML を限度寸法としている．（すなわち $a=0$）
（図 8.11 において y=穴の MML と通り側摩耗限界寸法との差）

（4） 測定不確かさ領域

大型ゲージは，検査方法・測定時の温度・測定者の熟練度などの影響による測定の不確かさを補うために，安全域が設けられている．
（図 8.11 において a=180 mm を超える穴に対する安全域）

（5） 限界ゲージの公差域と穴・軸公差との関係の代表例として呼び寸法 180 mm 以下の穴用プラグゲージについてその寸法許容域を求める式を示す．

$$\left.\begin{array}{ll} 止り側 & 上の寸法許容域=\text{LML}+H/2 \text{ または } \text{LML}+H_s/2 \\ & 下の寸法許容域=\text{LML}-H/2 \text{ または } \text{LML}-H_s/2 \\ 通り側 & 上の寸法許容域=\text{MML}+Z+H/2 \text{ または } \text{MML}+Z-H_s/2 \\ & 下の寸法許容域=\text{MML}+Z-H/2 \text{ または } \text{MML}+Z-H_s/2 \end{array}\right\}$$

(8.1)

図 8.11 に穴の公差と穴用限界ゲージの公差との許容域について示す．

8.3 限界ゲージの製作公差

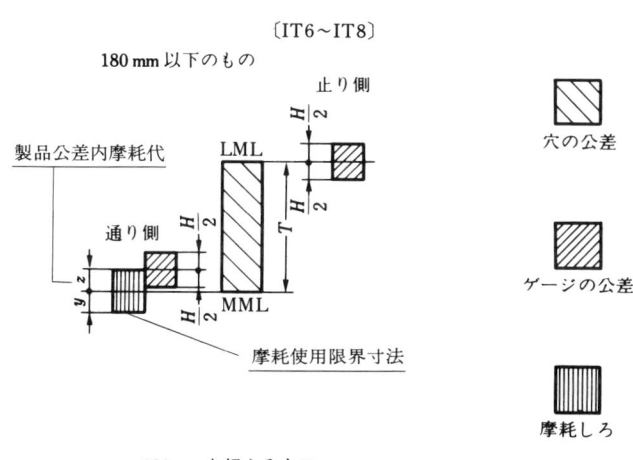

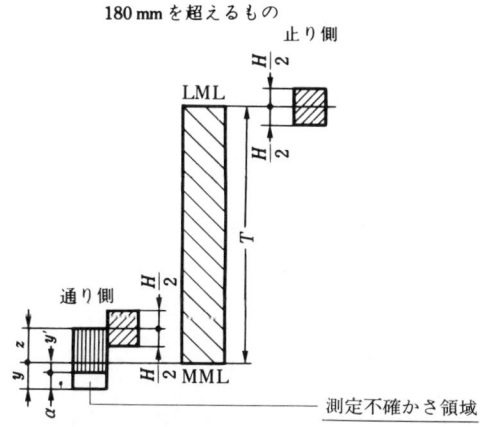

図 8.11 穴用限界ゲージの公差域と穴の公差との関係[3]

(例)　25 H 6 プラグゲージ公差と穴公差　（MML=0, LML=+13, H=2.5, Z=2.0, y=1.5）
　　　通り側上の寸法許容差＝0+2.0+2.5/2＝+3.25＝+3.2
　　　通り側下の寸法許容差＝0+2.0−2.5/2＝+0.75＝+0.8
　　　止り側上の寸法許容差＝+13+2.5/2＝+14.25＝+14.2
　　　止り側下の寸法許容差＝+13−2.5/2＝+11.75＝+11.8
　　　通り側摩耗限界値　　＝0−1.5＝−1.5　　　　　（単位 μm）

(注)　0.01 μm のけたは 0.1 μm のけたに丸める　（JIS B 7420）

8.4 製品公差とゲージ公差との比率

製品公差に対して軸用限界ゲージ公差の許容域の関係を示す図 8.12 において，許容域の大きさにより製品公差が狭くなる．

この製品公差の最小公差幅を $T_{\min}$ とし，製品公差 T との比率を R とすれば，R は（8.3）で求められる．

$$R=\frac{T_{\min}}{T}\times 100 \tag{8.3}$$

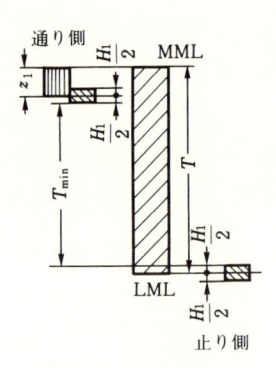

図 8.12 最小公差幅

表 8.3 最小公差率

単位 %

呼び寸法区分を越え (mm)	以下	IT 6		IT 7	
		プラグゲージ	挟みゲージ	プラグゲージ	挟みゲージ
6	10	67	51	71	71
10	18	64	50	69	69
18	30	66	46	67	67
30	50	69	53	70	70
50	80	71	52	70	70

R を最小公差率と呼び，呼び寸法 6〜80 mm のプラグゲージ，挟みゲージの公差等級 IT 6, IT 7 の R 値を表 8.3 に示す．

等級 IT 6 の挟みゲージは，R 値が製品公差の 50% 程度の値である点は，使用上注意すべきである．

8.5 限界ゲージの使用上の注意事項

8.5.1 合格・不合格の判定不一致について

限界ゲージの公差域の関係から，製品が合格品であっても，限界ゲージの寸法により不合格と判定される場合がある．

JIS B 7420 においては，取引上の限界ゲージによる合格の判定の不一致の取扱いについて規定している．

"限界ゲージによる合否の判定で生産者側および使用者側の使用する限界ゲージの違いによって不一致がおきた場合，合格と判定した方の限界ゲージがこの規格の規定（許容できる摩耗を考慮にいれる）を満足しているならば，その穴または軸の寸法検査に合格したものとして扱う"

しかし不合格として判定された場合は，マイクロメータなどの計測機器により製品の寸法を確認することが望ましい．

8.5.2 ゲージの使用方法

挟みゲージについては，図 8.13 に示すようにゲージを製品に対して矢印のように回転させながら，軽く押し付けること，またプラグゲージの場合は，ゲージの円筒面に薄く油を付け製品に対して回転させながら挿入することが望ましい．（禁油製品を除く）

挟みゲージを製品に対して強く押し付けると先端が開き，プラグゲージは，製品と焼き付き現象を起こすことがある．製品の検査作業では，押し付ける力は鉛筆で字を書くときの力（pencil pressure）程度が推奨されている．この力は 3〜4 N であり，一般の測定器の測定力に近い値である[3]．

JIS では挟みゲージの検査は，ゲージに表示された荷重（作動荷重）またはゲ

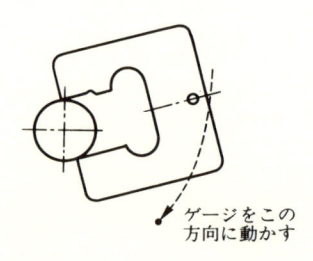

図 8.13 はさみゲージの使用法[3]

ージの自重で検査を行うよう推奨してある．この時の挟みゲージの寸法を作動寸法と呼んでいる[3]．

[**例 8.1**] 8.3.1 の（例）25 H 6 プラグゲージの最小公差率を求めよ．

$R = T_{min}/T = (11.8-3.2)/13 = 0.66 \cdots 66\%$

[演習問題]

8.1 20 H 7 の限界プラグゲージの製品公差とゲージ公差との関係を図示し，また最小公差率を求めよ．（JIS B 7421 参照のこと）

8.2 pencil pressure とは何か．

8.3 MML, LML について説明せよ．

8.4 挟みゲージに表示されている作動荷重とは何か．

9 機械式測定機器

9.1 バーニヤ目盛を利用した拡大機構

バーニヤ(vernier：副尺)目盛は線度器の読取り分解能を高めるためのもので，その代表例はノギスに採用されている．

9.1.1 バーニヤの読取り法

バーニヤの読み方を図9.1に示す．本尺とバーニヤの目盛線とが一致した点×が測定値の読取り点となる．

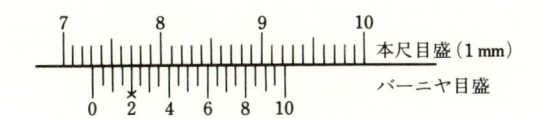

(a) 19 mm を 20 等分した例
73＋4目×1/20＝73.2 mm

(b) 39 mm を 20 等分した例
15＋17目×1/20＝15.85 mm

図 9.1 バーニヤの読み方[1]

バーニヤの0点から×点までの目の数に最小読取値(S/n)を乗じた値と本尺の目盛値とをプラスすることより測定値が求められる．

9.1.2 バーニヤの原理

バーニヤ目盛は本尺目盛の $(an-1)S$ 目盛（a は正の整数）に対して，副尺を n 等分して目盛られたものである（図9.2）．

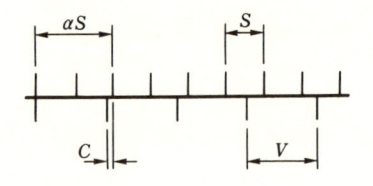

図 9.2 バーニヤの原理

いま，S：本尺の目幅，V：バーニヤの目幅，C：バーニヤで読み得る最小読取値とすれば

$$(an-1)S = nV$$

$$\therefore \quad C = aS - V = \frac{S}{n} \tag{9.1}$$

すなわち，本尺の目幅 S を副尺の分割数 n で割った値である．

9.1.3 肉眼によるバーニヤ目盛の最小読取値の限度

バーニヤの最小読取値は S/n で求められるため，n を大きくすると，読取値は小さくすることが可能であると考えられる．

バーニヤ目盛の読取りは肉眼によるものであるから，読取り限界値は目の構造に左右される．目の構造を図9.3に示す．外部の像は水晶体（レンズ）を通って，網膜上に結ばれる．

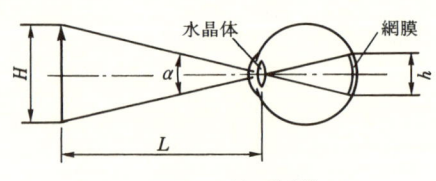

図 9.3 目の構造[2)]

物を見て，判別・識別する能力を視力といっている．

```
視力 ─┬─ 認識力
      ├─ 最小視力
      └─ 分解力 ─┬─ 二点識別能力
                └─ 二線合致差識別能力
```

分解力は2つの物が離れていることを認識する能力で，測定に最も関係が深いものであり，視神経細胞の構造と大きさに関係する．

二点識別能力は2つのものが別々のものであると識別できる能力であり，2点の網膜上に結ぶ像の識別限度は，図9.4に示すように，中間に刺激されない細胞を1個はさむ程度すなわち h の間隔が必要となる．h は平均的に $5\mu m$ 程度であり，明視の距離 250 mm における焦点距離を 15.5 mm とすると，二点識別能力は最小視角 $\alpha=1'$ となり，明視の距離で判別する能力の限界は $H=0.06$ mm となる．

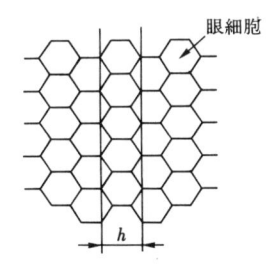

図 9.4 二点識別能力[1]

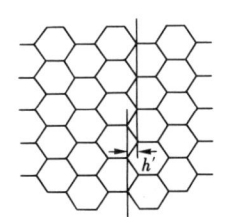

図 9.5 二線合致差識別能力[2]

二線合致差識別能力は本尺とバーニヤ目盛との合致度を識別する場合のように，2本の平行な線が同一線上にあるかどうかを識別する能力である．

図9.5において，h' が2本と識別できる限界である．図から見て二点識別能力の $1/(2\sqrt{3})$ になる．明視の距離より見た場合の識別能力の限界は，約 0.018 mm である．JIS B 7507 の目盛方法の最小読取値が 0.02 mm となっているのは，二線合致差識別能力によるものである[2]．

9.1.4 バーニヤを利用した測定器

代表的な例はノギス（vernier calipers）であり，図9.6に示す．

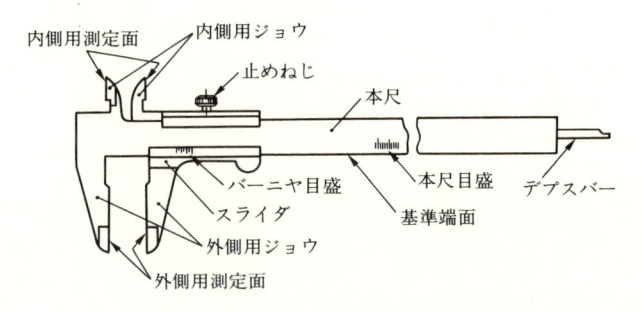

図 9.6 代表的ノギス（M形）（JIS B 7507）

ノギスは外・内径，高さ，深さなどの測定が可能な現場用測定器であり，広く使用されている．機能的に特記するもののみあげ，その他の構造，使用上の注意事項はメーカの取扱い説明書などを参考にしてもらいたい．

たとえばパイプの肉厚を測定する場合，図9.7に示すように，t の厚さをもつ測定ジョウの場合は $\varDelta C$ の誤差が生ずることになる．その対策のため図9.8に示すように，測定ジョウの先端が薄くなっている．

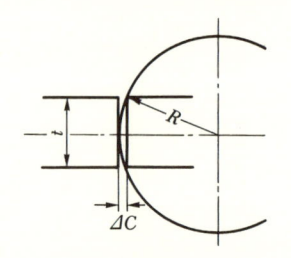

図 9.7 測定誤差 $\varDelta C$[3]

図 9.8 測定ジョウの形状[3]

パイプの肉厚，曲面形状の厚さの測定などにおいて，$\varDelta C$ の誤差を最小にする対策がとられている．

図9.7において

$$\varDelta C = R - \sqrt{R^2 - \left(\frac{t}{2}\right)^2} \tag{9.2}$$

となる．

$R=5$ mm, $t=0.8$ mm の条件において，$\varDelta C=0.016$ mm であり，ノギスの測定精度から見ると無視できる値となる[3]．

バーニヤ目盛はデプスゲージ，ハイトゲージなどに採用されている．図9.9にデプスゲージを示す．これらの測定器はディジタル化され，バーニヤ目盛の測定機器は次第に姿を消しつつある．

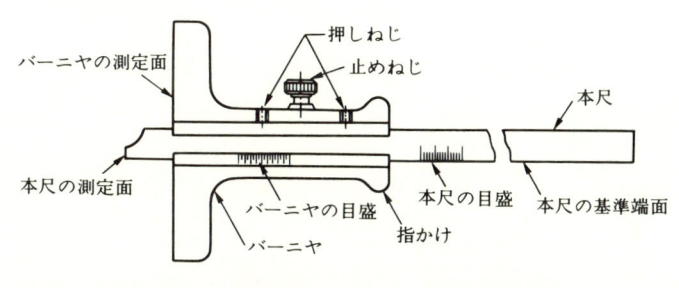

図 9.9 デプスゲージ（JIS B 7518）

9.2 ねじを利用した拡大機構

9.2.1 拡大機構

長さの微小変位をねじの回転角により拡大する機構でその原理を図9.10に示す．シンブル目盛の読みを n（回転角 α），スピンドルの移動量を x とすれば

$$\frac{p}{2\pi r} = \frac{x}{r\alpha} \tag{9.3}$$

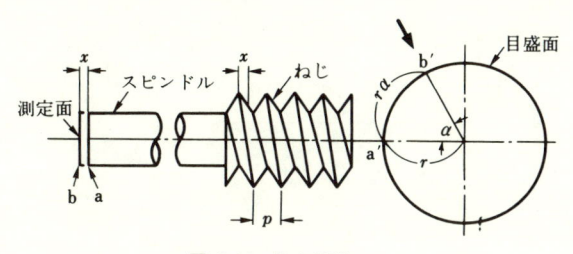

図 9.10 拡大原理

$$\therefore \quad x = \frac{\alpha}{2\pi} p$$

たとえば標準マイクロメータは，$p=0.5\,\mathrm{mm}$，シンブル目盛は円周を50等分してある．図において，$\overset{\frown}{a'b'}$ 間を n 目盛とすると，x は

$$x = \frac{n}{50} \times 0.5 = 0.01 \times n \quad (\mathrm{mm})$$

となる．

マイクロメータの目盛読取り法は，メーカの説明書などを参考にされたい．

9.2.2 マイクロメータの性能

外側マイクロメータの外観，各部の名称は図9.11に示す．

表9.1にJISに規定された各種マイクロメータの器差を示す．

JISに規定された諸特性を満足し，通常の使用条件で測定した場合の予測される測定精度を総合誤差 (overall error) として表9.2に示す．

マイクロメータの測定精度は，総合精度程度の誤差のあることを十分理解しておく必要がある．

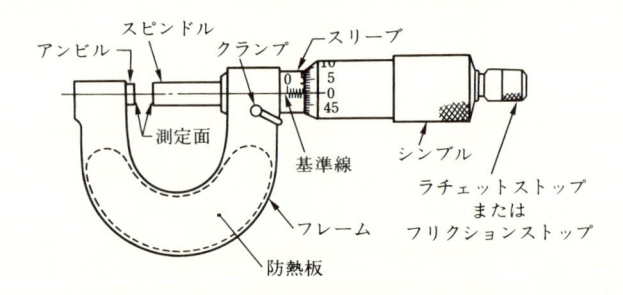

図 9.11 マイクロメータの構造 (JIS B 7502)

表 9.1 各種マイクロメータの器差 (JIS B 7502)

(単位 μm)

測定範囲 mm	外側マイクロ	内側マイクロ	歯厚マイクロ
～25	±2	±4	±4
25～50			
50～75			±6
75～100	±3		

表 9.2　各種マイクロメータの総合誤差（JIS B 7502 参考値）

(単位 μm)

測定範囲 mm	外側マイクロ	内側マイクロ	歯厚マイクロ
～50	±4	±6	±6
50～100	±5		±8

9.2.3　測定力の制御

マイクロメータの測定力は 5～15 N と規定されている．しかしねじを使用している関係から，測定力の制御は測定精度に大きく影響する．

このため定圧装置としてラチェットストップ(rachet stop)，フリクションストップ（friction stop）がある．

スピンドルを急激に回転させて強く被測定物に接触させると測定力が大になり測定精度を低下させるため，ラチェットストップの使用方法には十分な注意が必要である．

未熟者には，フリクションストップ式を使用することが望ましい．

9.2.4　1 回転 10 mm 送り特殊マイクロメータ[4]

標準マイクロメータ（ピッチ 0.5 mm）は，シンブル 1 回転につきスピンドルの移動量は 0.5 mm である．

図 9.12　ディジタルマイクロメータ[4]

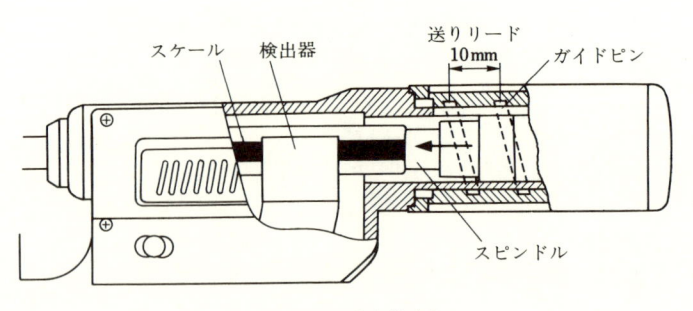

図 9.13 内部構造[4]

　図 9.12 に示すディジタルマイクロメータは，シンブル 1 回転につきスピンドルの移動量は 10 mm である．その内部構造を図 9.13 に示す．

　シンブルと一体となったスリーブの内面にピッチ 10 mm のスパイラル状の溝に，スピンドルに取り付けられているガイドピンがはめ合わされている．

　スリーブを回転させると，フレームに設けられたガイド溝とガイドピンにより回転運動が拘束され，スピンドルは直線運動を行う．

　スピンドルの中央部には，静電容量の原理を利用したスケールと検出部が取付けられている．（静電容量の検出原理は，10 章を参考されたし）

　このため従来のマイクロメータのように，ねじ精度がマイクロメータの精度に影響されない構造となっている．

　測定範囲は 0〜30 mm 最小表示量 0.001 mm 器差 ±0.002 mm であり，シンブル 1 回転でスピンドルが 10 mm 移動するため測定能率の点においても高く評価できる．

9.3　テコを利用した拡大機構

　テコを利用した拡大機構には，単一テコ式と複合テコ式がある．図 9.14 は単一テコ式の機構を示す．

図において，拡大率 m は

$$m = \frac{L}{l}$$

となる．

$l = 0.2$ mm，$L = 100$ mm とすると，$m = 500$ 倍となる．

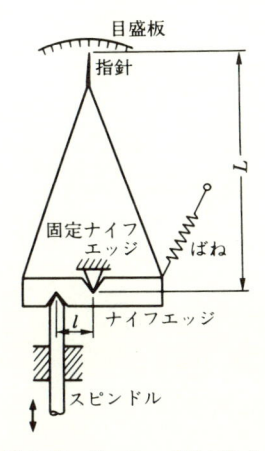

図 9.14　単一テコ式拡大方式

一般に拡大率 100～1000 倍，測定範囲 ±0.02～0.03 mm 程度である．

構造が簡単であり，安価である点から広く使用されていたが，測定範囲が狭いことにより使用上不便であり，現在ほとんど使用されていない．

9.4　テコ・歯車式拡大機構

微小変位量を第1段目においてテコにより拡大し，さらに歯車により第2，または第3段目の拡大する機構が一般に採用されている．この拡大方式の代表例を図9.15に示す．

この機構の拡大率 m は，図において

$$m = \frac{R}{l} \cdot \frac{L}{r} \tag{9.4}$$

となる．

図9.16に外観の代表的例を示す．

目量は10〜0.5 μmであり，測定範囲はテコ式拡大機構と比較すると広範囲が得られる．図9.16に例示するように，目量1 μm，測定範囲±0.05 mmと測定範囲が広いため，単一テコ式に代わり多く採用されている．

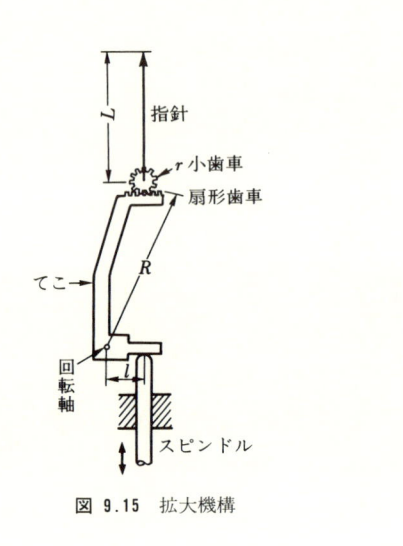

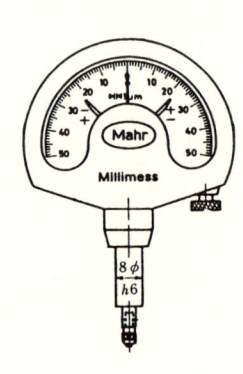

図 9.15　拡大機構

図 9.16　外　観[5]

9.5　弾性変形を利用した拡大機構

弾性変形を利用した拡大方式の代表例として，ねじれ薄片式の拡大原理を図9.17に示す．拡大機構の構造を図9.18に示す．

ねじれ薄片は図9.17に示すよう長方形の穴をもつリン青銅の薄片を中心からおのおの右左に反対方向にねじり，中心に軽量の指針(ガラス製，直径0.06 mm)を固定したものである．

図において，測定スピンドルが上方へ変位すると板ばねは時計方向に回転するため，左側が固定されているねじれ薄片は右方へ引っ張られると，ねじれ薄片は回転運動を起こす．

図 9.17 ねじれ薄片拡大原理[6]

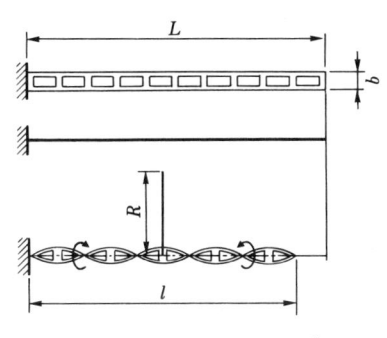

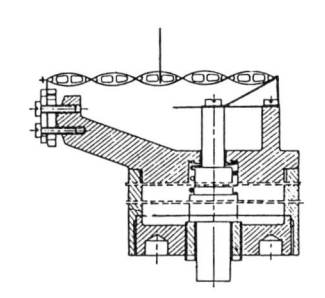

図 9.18 拡大機構[7]

　この横方向の変位量とねじれ薄片の回転角との関係は薄片の寸法，材質，ねじれのピッチなどにより定まるが，拡大機構から拡大率を求める．

　図において，ねじり数を n とすれば

$$L^2 = l^2 + (n\pi b)^2$$

より

$$dn = \frac{-l}{n(\pi b)^2} dl$$

となる．

　指針の長さ：R，指針の指示値：dR とすれば

$$dR = -\frac{2lR}{\pi b^2 n} dl$$

となる．

　機械的拡大方式の測定器のなかでは，精度，感度，耐久性など高く評価されている．

9.6　歯車を利用した拡大機構

　歯車を利用した拡大機構をもつ現場用測定器として，広く使用されているものにダイヤルゲージがあげられる．

このダイヤルゲージの各部の名称を図 9.19 に示す．また，目盛板に対して直角に測定子が作動するテコ式ダイヤルゲージを図 9.20 に示す．

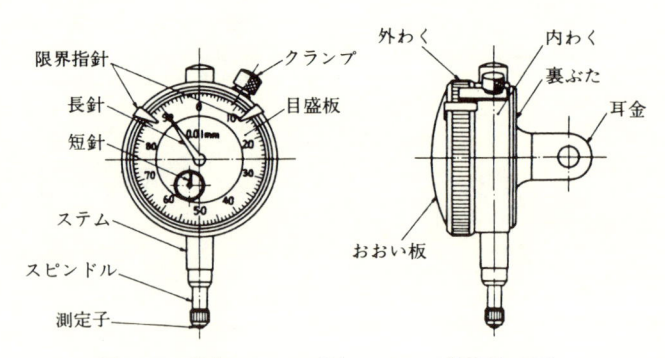

図 9.19 目盛 0.01 mm ダイヤルゲージ (JIS B 7503)

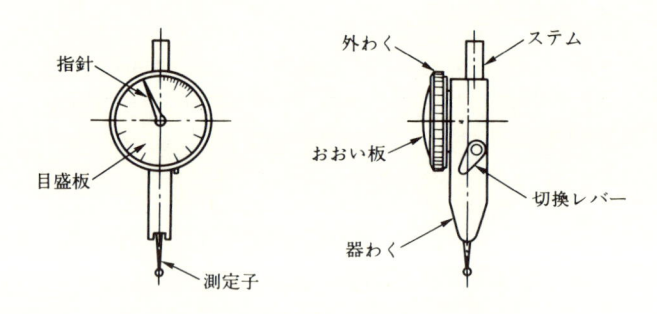

図 9.20 テコ式ダイヤルゲージ (JIS B 7533)

9.6.1 拡大機構

目量 0.01 mm のダイヤルゲージの拡大機構を図 9.21 に示す．直線運動するラックにかみ合うピニオンにより，回転運動に変換し，次にピニオン歯車と指針ピニオンにより拡大する機構である．

この機構の目量は式 (9.5) で表される．

$$ 目量 = \frac{ラックのピッチ \times ピニオンの歯数}{目盛板目盛目数 \times (ピニオンギヤ歯数/指針ピニオン歯数)} \quad (9.5) $$

市販されているダイヤルゲージの一例をあげると

9.6 歯車を利用した拡大機構

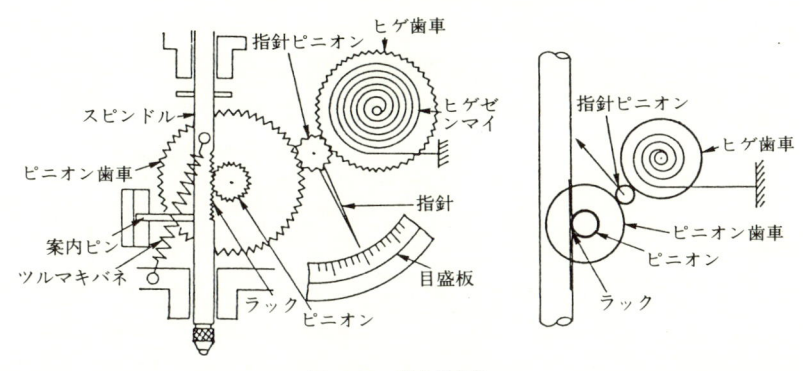

図 9.21 拡大機構[8]

$$目量 = \frac{0.625 \times 16}{100 \times (120/12)} = 0.01 \text{ mm}$$

となる．

9.6.2 ダイヤルゲージの性能

ダイヤルゲージの性能は，JIS B 7503, 7533 に指示精度の許容値，検査方法などが規定してある．

ダイヤルゲージの指示誤差は，表9.3に示す測定点における誤差を測定し，図9.22に示すような指示誤差線図から各種の指示誤差を求める．

指示の最大許容誤差を表9.4に示す．

表 9.3 指示誤差の測定点（指針の回転数）

測定範囲	測定ピッチ
基点～2回転	1/10 回転
2回転～5回転	1/2 回転
5回転以上	1 回転

（注）ヒゲゼンマイとヒゲ歯車は，各歯車をバックラッシュなくかみ合わせて，戻り誤差の発生を防止するものである．

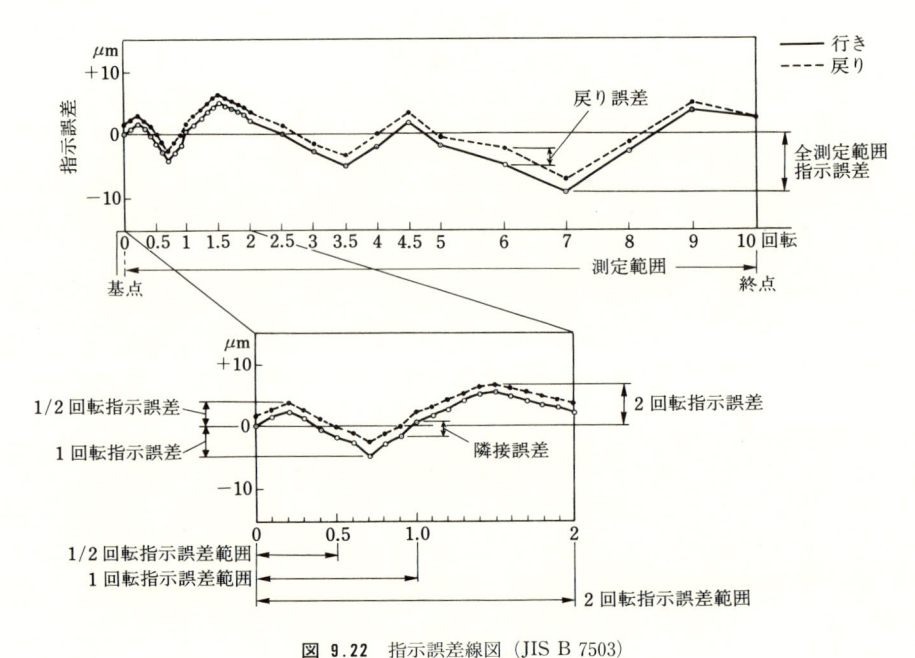

図 9.22 指示誤差線図 (JIS B 7503)

表 9.4 指示の最大許容誤差 (JIS B 7503)

(単位 μm)

		目量および測定範囲					
	目量	0.01 mm	0.002 mm		0.001 mm		
	測定範囲	10 mm 以下	2 mm 以下	2 mm を越え 10 mm 以下	1 mm 以下	1 mm を越え 2 mm 以下	2 mm を越え 5 mm 以下
	戻り誤差	5	3	4	3	3	4
指示誤差	1/10 回転*	8	4	5	2.5	4	5
	1/2 回転	± 9	±5	± 6	±3	±5	± 6
	1 回転	±10	±6	± 7	±4	±6	± 7
	2 回転	±15	±6	± 8	±4	±6	± 8
	全測定範囲	±15	±7	±10	±5	±7	±10

＊隣接誤差

9.6 歯車を利用した拡大機構

旧 JIS B 7503 の検査方法により誤差線図を求めた一例を図 9.23 に示す．

この線図は，拡大機構の各歯車，部品の誤差の合成されたもので，これらの個々の歯車の誤差線図の代表例を模型的に図 9.24 に示す．

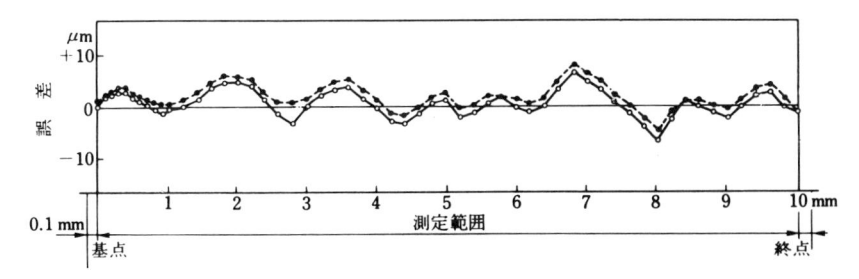

図 9.23 指示誤差線図

図 9.24 各ギヤの誤差線図

(各ギヤの誤差線図は歯形誤差，ピッチ誤差(ラックを除く)
などによる小さな凹凸は除いてある．)

9.6.3 ダイヤルゲージの使用上の注意事項

ダイヤルゲージにより寸法測定，軸の回転振れなどの狭範囲測定に使用するときは，基点から指針1回転以内で使用することが望ましい．また使用上注意すべき点は，目量1μmおよび2μmのダイヤルゲージは目量以上の指示誤差が許容されていることである．

テコ式ダイヤルゲージを使用して測定する場合，図9.25に示すように被測定物の測定方向と測定子の中心線が直角になるようにセットしなければならい．もし図9.26のような条件で測定した場合には，式（9.6）により補正する必要がある．

$$変位量 = 指針の移動量 \times \cos \alpha \tag{9.6}$$

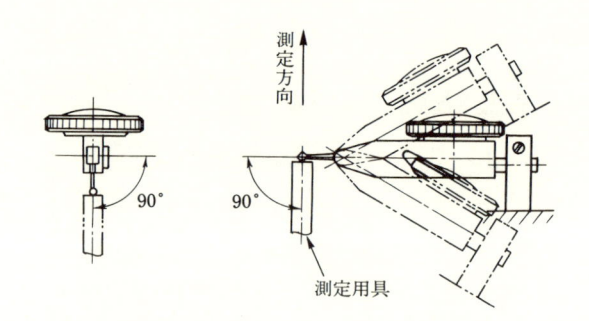

図 9.25 測定子のセット法（JIS B 7533）

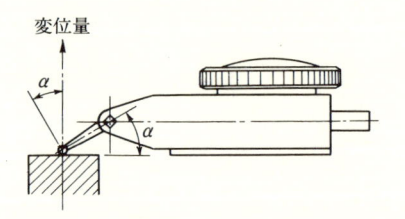

図 9.26 取付角度による補正（JIS B 7533）

しかし取付角度 10°以下の場合は，その誤差は 1.5 % 以下であるから要求精度によっては無視できる．

（例） 取付角度 $\alpha=10°$ および 20° 指針の移動量 $=0.052$ mm のときの真の変位量は以下のようになる．要求測定精度により補正を必要とすることが分かる．

その変位量は
$$変位量 = 0.052 \times \cos 10° = 0.0512 \text{ (mm)}$$
$$変位量 = 0.052 \times \cos 20° = 0.0489 \text{ (mm)}$$

[**演習問題**]

9.1 バーニヤの原理について説明せよ．

9.2 JIS B 7507 において，バーニヤの目盛方法が最小読取値 0.02 mm になっている理由をあげよ．

9.3 マイクロメータの誤差と総合誤差との関係を述べよ．

9.4 図 9.23 のダイヤルゲージの誤差線図において測定範囲で 10 山の現象が現れる理由を述べよ．

9.5 テコ式ダイヤルゲージの使用上特に注意すべき事項を上げよ．

10 電気式測定機器

10.1 はじめに

　電気式測定は変位量を電気量に変換・増幅して指示する方式であり，能動量である電気信号により自動制御に利用したり，コンピュータに取り込み必要な情報を求めるシステムに応用される．また変位量を光で把握し，これを電気量に変換して前者のように利用する方式の測定機器も広く使用されている（光学式拡大方式として，光テコにより拡大する方式が利用されていたが，現在ほとんど使用されていない）．ここでは電気的拡大方式の原理・構造などについて述べる．

10.2 変位量を電気量に直接変換する方式

10.2.1 電気誘導変換式

　差動変圧器（differential transformer）を利用した計測器で，一般に電気マイクロメータと呼ばれ，長さの測定に広く使用されている．差動変圧器の原理

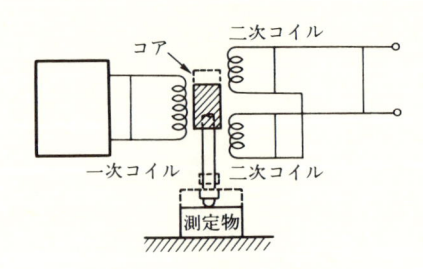

図 10.1　差動変圧器の原理

10.2 変位量を電気量に直接変換する方式

を図 10.1 に示す．

一次コイルと二次コイル 2 個および可動鉄心（コア）からなり，一次コイルに交流電圧を加えて励磁すると二次コイルにそれぞれ E_1，E_2 の電圧が誘起される．この電圧は図 10.2 の出力特性に示すように，コアの位置により変化する．

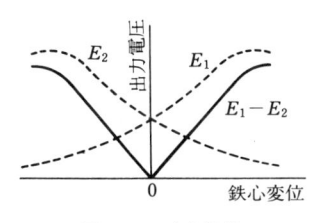

図 10.2 出力特性

二次コイルは極性を反対にして直列に接続されているため，E_1-E_2 が出力電圧として取り出され，広範囲の直線性の良い出力電圧が得られる．

また直流電圧を供給する直流差動変圧器も広く実用化されるようになった．

電気マイクロメータは，図 10.3 に示すようにレバー形とプランジャ形検出器がある．測定条件に適した検出器を使用することが可能である．

（a）レバー形　　（b）プランジャ形

図 10.3 電気マイクロメータの検出器[1]

10.2.2 静電容量変換式

変位量を静電容量に変換する原理を図 10.4 に示す．

（1）対極距離変位形

図 10.4(a) において，静電容量 C は式(10.1)で表される．

$$C=\frac{\varepsilon A}{d} \tag{10.1}$$

ここに d：対極距離，ε：誘電率，A：極板面積．

(a) 対極距離変位形　　(b) 対極面積変位形Ⅰ　　(c) 対極面積変位形Ⅱ

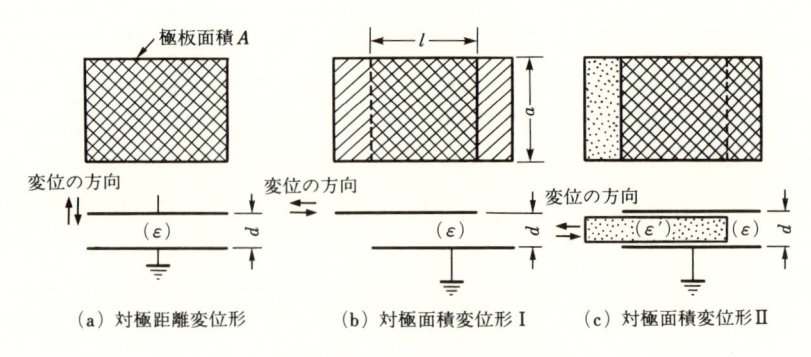

図 10.4　各種静電容量の変化

　ε, A を一定として d を変化させると，静電容量 C は図 10.5 のように変化する．

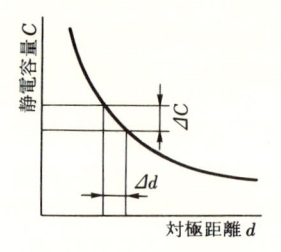

図 10.5　d と C との関係

　いま d の微小変位に対する C の変化を求めると，式(10.2)となる．

$$\Delta C = \frac{\varepsilon A}{d^2} \Delta d \tag{10.2}$$

　d が小さいほど感度は高くなっている．しかし直線変換回路により感度を一定として実用化しているが，測定範囲は狭くなることは免れない．

（2）　対極面積変位形

　対極面積変位形は，電極のオーバラップ面積（$a \times l$）の変化すなわち a を一定とし l の変化による静電容量 C の変化を求めると，式(10.3)となる．ただし ε, d は一定とする．

10.2 変位量を電気量に直接変換する方式

$$C = \frac{\varepsilon a}{d} l \tag{10.3}$$

l の変化に対して，C は図 10.6 に示すように直線的に変化する．この特性を利用すれば測定範囲は広くなり測定機器としては最適である．

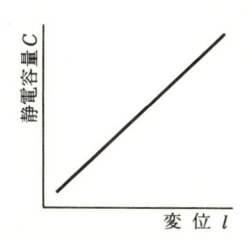

図 10.6 l と C との関係

この原理を応用した測定器の代表例としてディジタル式ノギスを図 10.7 に示し，この測定器の検出部を図 10.8 に示す．

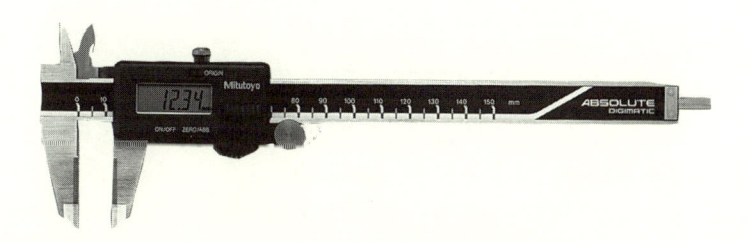

図 10.7 ディジタル式ノギス[1]

ノギスの本尺に一定間隔で配列されている平面電極のメインスケール（受信電極）とスライダ側に 4 枚 1 組の平面電極を多数組取付けた送信電極とが対向するように構成されている．

スライダの移動にともなう静電容量の変化を検出して，移動量（測定量）を求める．

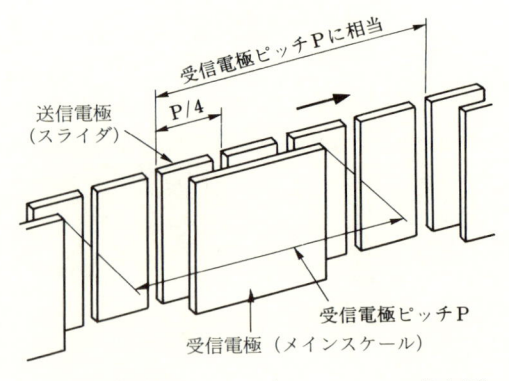

図 10.8 静電容量スケール式リニヤゲージの検出部[2)]

図 10.4(c) の原理を応用した図 10.9 に示す同心二円筒電極方式がある．内筒の外半径を a，外筒の内半径を b とすれば，静電容量 C は式 (10.4) となる．

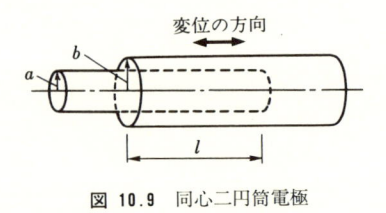

図 10.9 同心二円筒電極

$$C = \frac{2\pi\varepsilon l}{\log(b/a)} \tag{10.4}$$

この方式も l の変化に対して，C は直線的に変化する．この特性を利用した測定器の一例として，測定範囲 25 mm，精度 1.5 μm，繰り返し精度 0.1 μm の測定器が市販されている．

10.2.3 渦電流式

原理は図 10.10 に示したように，検出コイルに高周波電流を流し，被測定物（良導体）に近づけると，コイル軸心に沿って発生した交流磁界 H_c が被測定物を貫通すると，渦電流 I が流れ，H_c に反抗する磁界 H_r が発生する．このこと

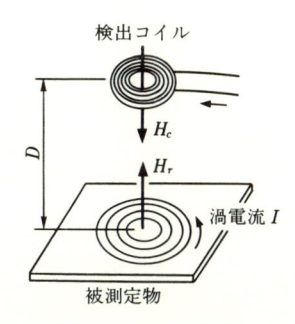

図 10.10 渦電流式の原理[3]

は検出コイルのインダクタンスを変化させ，その変化率はコイルと被測定物との間隔 D と材質によって決まる．

非接触変位計として使用されている．測定範囲 0.5 mm，最小分解能 2.5 μm の性能である．

10.2.4 抵抗変換式

ひずみゲージと呼ばれる抵抗線を変換部本体に張り付け，変換部に生じたひずみを検出する方式である．市販されている代表例を図 10.11 に示す．

変位量をスプリングを介して，抵抗線ひずみ計に張力として与える変位変換器である．機械的摩擦部がないため摩耗による劣化がなく，安定した測定機である．

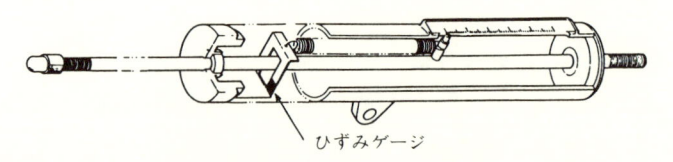

図 10.11　ひずみゲージ式測定値[4]

10.3　変位-光-電気変換方式

被測定物に光を当て，その反射光を光電素子で受け，電気量に変換する方式と光を当てたときの陰影を受光素子に受ける方式に大別される．

10.3.1　光の反射を利用した方式

代表例を図 10.12 に示す．半導体レーザを光源として，測定面 A, B に照射されたレーザビームは反射して，受光レンズを通って，光検出素子上の a, b に結像する．

光検出素子には図 10.12 に示す PSD (position sensing device)，p.92 の図 10.15 に示す CCD (charge coupled device) などが実用化されている．

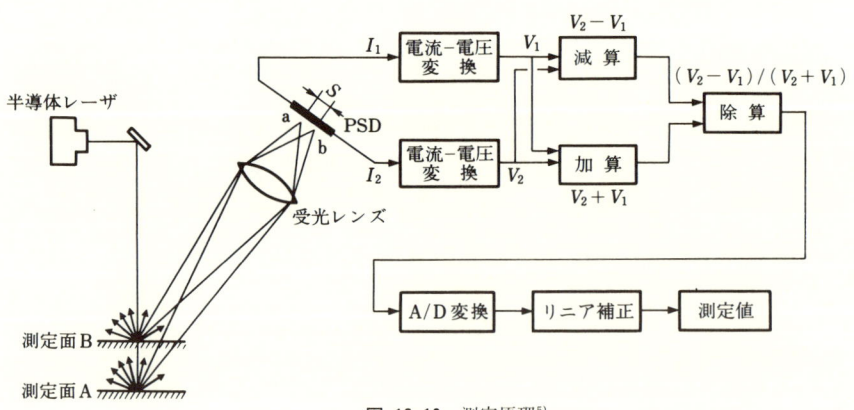

図 10.12　測定原理[5]

10.3 変位-光-電気変換方式

図 10.13 PSD の原理[5]

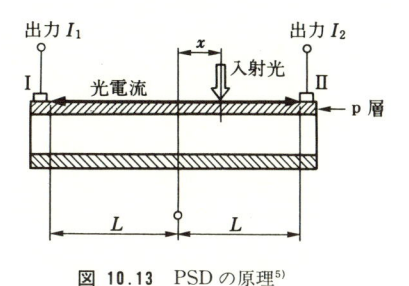

(1) PSD 検出素子利用の原理

PSD は図 10.13 に示すように，シリコン基板の表面に均一な抵抗層が形成されている．PSD に光が入射すると，入射位置には光エネルギーに比例した電荷が発生し，光電流として抵抗層を通り，電極より出力される．PSD の中心から x の位置に光が入射したとする．

電極 I，II から流れる出力電流 I_1, I_2 は

$$I_1 = \frac{L-x}{2L} I_0$$

$$I_2 = \frac{L+x}{2L} I_0 \quad (I_0 = I_1 + I_2)$$

となる．電流 電圧変換し，V_1, V_2 とすると

$$V_1 = KI_1 = K\frac{L-x}{2L} I_0 \quad (K は定数)$$

$$V_2 = KI_2 = K\frac{L+x}{2L} I_0$$

となる．これらより x を求めると

$$x = \frac{V_2 - V_1}{V_2 + V_1} L \tag{10.5}$$

となり，PSD からの出力電流 I_1, I_2 から，式 (10.5) により入射位置 x が求められる[5]．

最小表示量 2 μm，測定範囲 8 mm の性能をもつものが市販されている．これらの応用例を図 10.14 に示す．

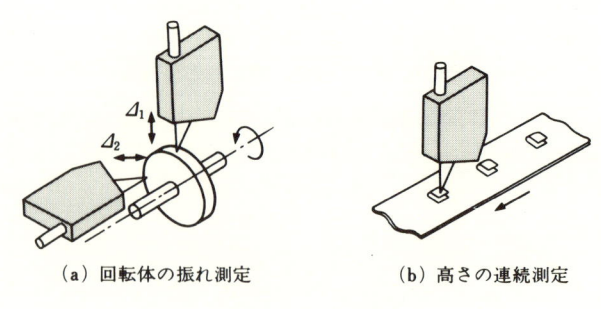

(a) 回転体の振れ測定　　(b) 高さの連続測定

図 10.14　応用例[5]

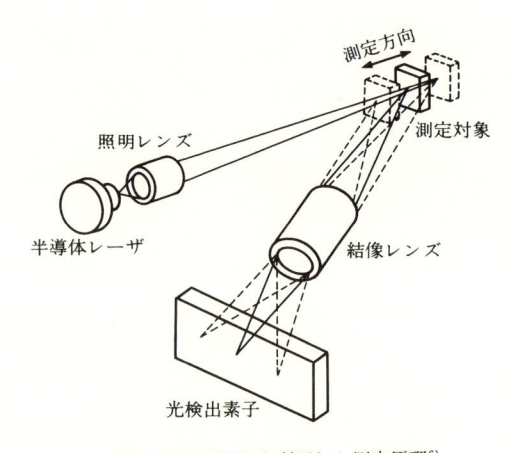

図 10.15　CCDを利用した測定原理[6]

（2）CCD検出素子利用の原理

CCDを利用した測定機の原理を図10.15に示す．

被測定物が前後に移動すると，それに応じて結像レンズでつくられた反射点の像は微細化した素子の集合体である光検出素子（CCD）の上を移動し，光が受光面のどの位置に入射したかを電気出力として演算回路へ伝える[6]．

10.3.2 光の陰影を利用した方式

レーザ光の直線性を利用したもので，図 10.16 に原理を示す．

レーザ発振器より出射したビームは等速回転する回転軸上のポリゴンミラーで走査され，Fθ レンズによって平行，等速なビーム束となる．

被測定物に照射されたビーム光は，被測定物の直径に比例した時間間隔だけ遮られ，受光レンズを経て受光素子に入る．信号処理回路系では，ビームが遮られた瞬間を検出し，検出されたエッジから次のエッジまでの間をクロックパルスにより計数する．データ処理系では，計数されたパルス数を寸法に変換し，繰返し測定の平均値，標準偏差などの演算処理を行う[1]．

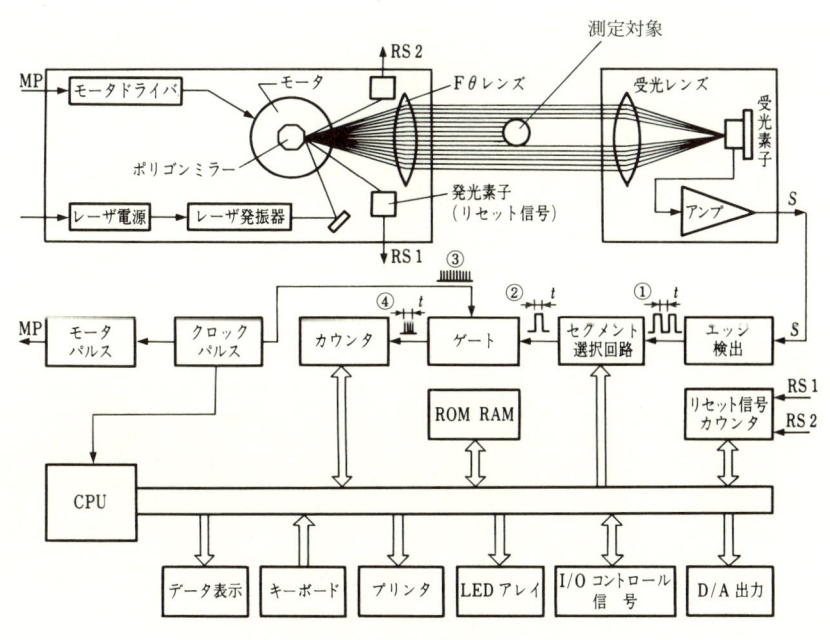

図 10.16 陰影を利用した原理[1]

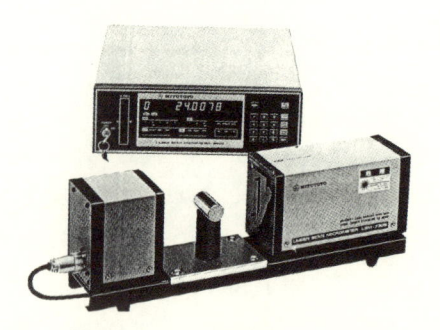

図 10.17　レーザ測定機の代表例[1]

　図 10.17 にレーザ測定機の代表例を示す．

　この種類の測定機の高精度のものは，最小表示量 $0.05\ \mu m$，指示精度 $\pm 0.5\ \mu m$ の性能をもったものが市販されている．

　（注）　光-電気量変換方式には，リニアエンコーダと呼ばれる光学的スケールがあるが，ディジタル測定の章で述べる．

[演習問題]

10.1　差動変圧器の原理を簡単に説明せよ．
10.2　光検出素子 PSD，CCD は何の略か，またその原理を簡単に述べよ．

11

流体式測定機器

11.1 原理

　流体式拡大方式の測定機器のなかで，工業界で実用化されているものは空気マイクロメータ (air gauges) である．この章では，この空気マイクロメータについて述べる．空気マイクロメータは長さの微小変化を空気の圧力または流量の変化に変換し，拡大指示するものである．

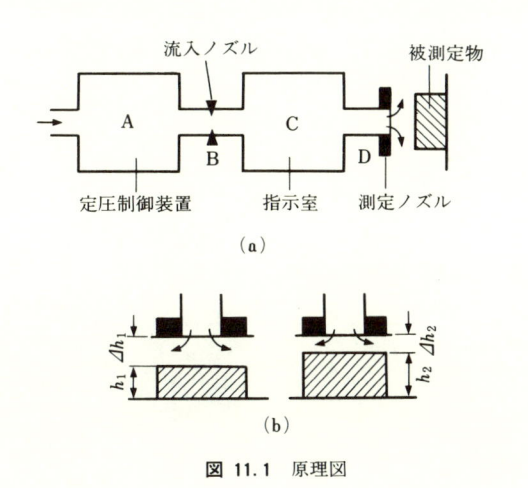

図 11.1　原理図

　図 11.1（a）に示す原理図において，高定圧源 A から流入ノズル B を通過した定圧空気は指示室 C を通り，測定ノズル D から大気中に流出する．
　図（b）において，被測定物の厚さの異なる h_1, h_2 と測定ノズルとの隙間 Δh_1, Δh_2 を流出する空気の流出抵抗および流出量が異なり，指示室内の圧力，流量が

変化する．この変化量を測定することにより，被測定物の大きさを間接的に求めるものである．

11.2 空気マイクロメータの種類

空気マイクロメータの代表的なものを表 11.1 に示す．

表 11.1 空気マイクロメータの種類

型 式	圧 力	拡大方式
低 圧	水柱 2 m 以下	圧力
中 圧	0.05〜0.1 MPa	圧力 流量
高 圧	0.1〜0.5 MPa	圧力
真 空		真空圧

11.3 理論解析のための回路の名称と記号

図 11.2 において，回路各部の名称とその記号を表す．

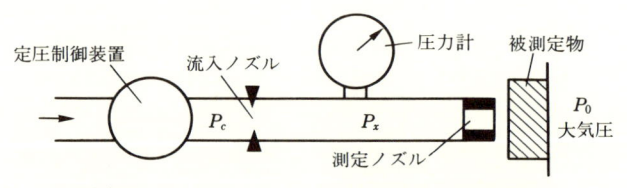

P_0：大気圧
P_c：一定圧
P_x：背圧（測定圧）
V_i：流入ノズル部の流速
V_m：測定ノズル部の流速
C_i：流入ノズル部の流量係数
C_m：測定ノズル部の流量係数
Δh：測定ノズルと被測定物との隙間
A_i：流入ノズルの断面積
A_m：測定ノズルの断面積
Q_i：流入ノズル部の流量
Q_m：測定ノズル部の流量
γ：空気の比重
γ_c：P_c の空気の比重
γ_x：P_x の空気の比重
k：断熱係数

図 11.2 回路の名称とその記号

11.4 低圧背圧式空気マイクロメータ

低圧背圧式空気マイクロメータの代表例として，水柱式を図 11.3 に示す．

圧縮空気は，水槽中に立てたパイプで構成された定圧装置によって一定圧 P_c となり，流入ノズルから指示室を通り，測定ノズルと被測定物との隙間 Δh から大気中に流出する．Δh により指示室の圧力 P_x が変化する．P_x をマノメータにより測定し，その値 h から被測定物の大きさを求める．

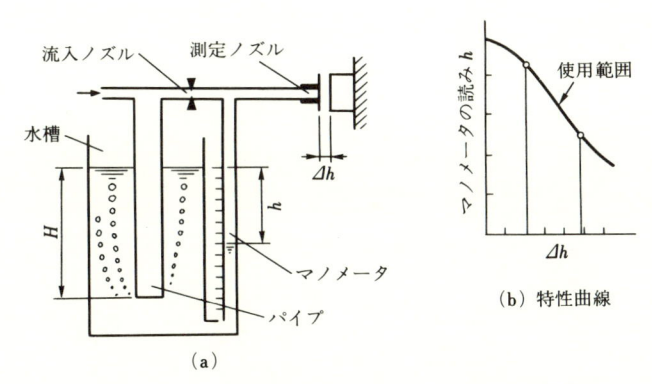

図 11.3 低圧背圧式空気マイクロメータの構造と特性曲線

(b)図に h と Δh との関係の特性曲線を例示してあるが，この曲線の直線部分が使用範囲となる．

低圧式の場合，空気は非圧縮性流体と考えられるため，流体に関するベルヌーイの定理および $\gamma_c = \gamma_x = \gamma$ から

$$\frac{P_c}{\gamma} = \frac{P_x}{\gamma} + \frac{V_i^2}{2g} \tag{11.1}$$

となる．$Q_i = C_i A_i V_i$ より

$$Q_i = C_i A_i \sqrt{\frac{2g(P_c - P_x)}{\gamma}}$$

同様に $Q_m = C_m A_m \sqrt{2g(P_x - P_0)/\gamma}$, $Q_i = Q_m$, $C_i = C_m = 1$ とおけば

$$\frac{A_m}{A_i} = \sqrt{\frac{P_c - P_x}{P_x - P_0}} = \sqrt{\frac{P_c - P_0}{P_x - P_0} - 1} \qquad (11.2)$$

となる．

ここに $P_c - P_0 = H$, $P_x - P_0 = h$ であるから，式(11.2)は

$$\frac{A_m}{A_i} = \sqrt{\frac{H}{h} - 1}$$

となる[1]．

式(11.2)より特性曲線を求めると，図11.4に示すようになる．

$\pi r^2 > 2\pi r \Delta h$ のときは $A_m = 2\pi r \Delta h$ となるが，図11.5において，隙間 Δh が大きくなり，$\pi r^2 < 2\pi r \Delta h$ の条件になると，流量は測定ノズルの断面積 πr^2 に規制されて，Δh が大きくなっても P_x は一定となり，特性曲線は図11.6となる．

図11.4において，$A_m/A_i = 0.577$ の点が最大倍率となる．

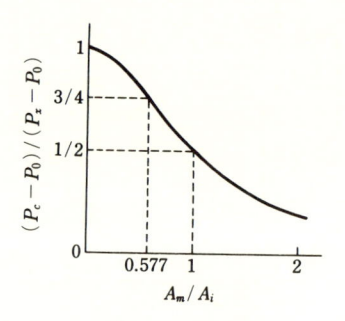

図 11.4 特性曲線

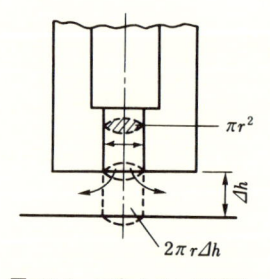

図 11.5 測定ノズルの隙間

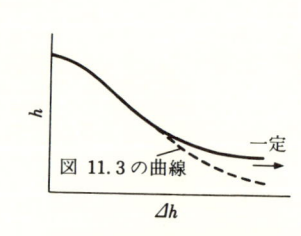

図 11.6 実際の特性曲線

11.5 流量式空気マイクロメータ

流量式空気マイクロメータの構造と特性曲線を図 11.7, 11.8 に示す.

図において，一定圧 P_c の空気が測定ノズルと被測定物との隙間 Δh を通過するとき，Δh の大小により変化する流量を測定して，Δh すなわち被測定物の寸法に換算するものである. 図 11.8 の特性曲線の直線部分が使用範囲となる.

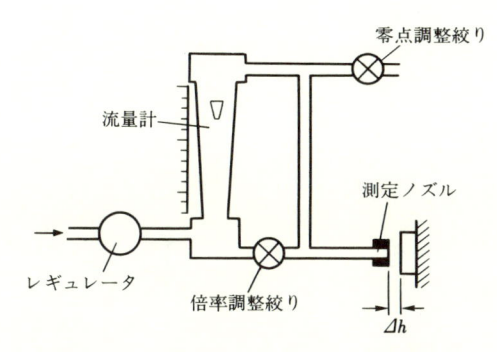

図 11.7 流量式空気マイクロメータの構造

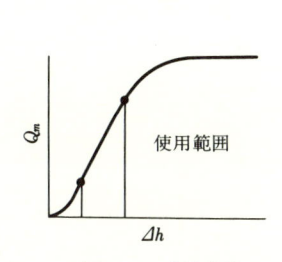

図 11.8 特性曲線

使用空気の圧力は，中圧で 0.05 MPa 程度である.
測定ノズルの流量を Q_m とすれば，前節と同様に

$$Q_m = C_m A_m \sqrt{\frac{2g(P_c - P_0)}{\gamma}} \tag{11.3}$$

となる.

図 11.5 において，$\pi r^2 > 2\pi r \Delta h$ の場合，A_m は

$$A_m = 2\pi r \Delta h$$

となる. ゆえに Q_m は次のようになる.

$$\begin{aligned} Q_m &= C_m 2\pi r \Delta h \sqrt{\frac{2g(P_c - P_0)}{\gamma}} \\ &= k 2\pi r \Delta h \end{aligned} \tag{11.4}$$

ただし $k = C_m \sqrt{\dfrac{2g(P_c - P_0)}{\gamma}}$

ゆえに流量は隙間 Δh に比例する．

11.6 高圧背圧式空気マイクロメータ

高圧式の使用圧力は一般に 0.2～0.3 MPa 程度である．その構成は図 11.9 に示す．

測定ノズルと被測定物との隙間を流出する空気の抵抗による背圧 P_x の変化を指示計により測定する．

その特性式は圧縮流体として取り扱い，ベルヌーイの定理と断熱膨張の公式から求められる．図 11.9 において

$$\frac{k}{k-1} \cdot \frac{P_c}{\gamma_c} = \frac{k}{k-1} \cdot \frac{P_x}{\gamma_x} + \frac{1}{2g} \cdot V_i^2$$

となる．

流入ノズル部の流速 V_i は

$$V_i = \sqrt{2g \frac{k}{k-1}\left(\frac{P_c}{\gamma_c} - \frac{P_x}{\gamma_x}\right)}$$

となる．ゆえに流入ノズル部の流量 Q_i とし，$P_c \gamma_c^{-k} = P_x \gamma_x^{-k}$ の関係から

$$Q_i = C_i A_i \psi_i \sqrt{P_c \gamma_c} \tag{11.5}$$

となる．

ただし

$$\psi_i = \sqrt{2g \frac{k}{k-1}\left\{\left(\frac{P_x}{P_c}\right)^{2/k} - \left(\frac{P_x}{P_c}\right)^{k+1/k}\right\}}$$

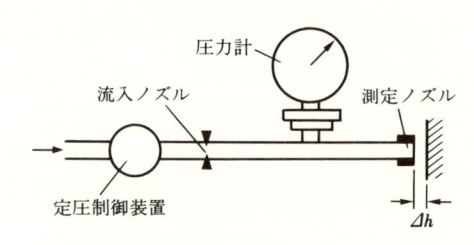

図 11.9 高圧背圧式空気マイクロメータ

11.6 高圧背圧式空気マイクロメータ

である．

同様に，測定ノズル部の流量 Q_m は次式となる．

$$Q_m = C_m A_m \psi_m \sqrt{P_x \gamma_x} \tag{11.6}$$

ただし

$$\psi_m = \sqrt{2g \frac{k}{k-1} \left\{ \left(\frac{P_0}{P_x}\right)^{2/k} - \left(\frac{P_0}{P_x}\right)^{k+1/k} \right\}}$$

である．

$Q_i = Q_m$ とおき，等温変化から $P_c/\gamma_c = P_x/\gamma_x$ となり

$$C_i A_i \psi_i = C_m A_m \psi_m \left(\frac{P_x}{P_c}\right) \tag{11.7}$$

が求まる．

横軸に A_m/A_i，縦軸に P_x をとり，P_c に対応する $(A_m/A_i, P_x)$ の特性曲線が求められる．

この特性曲線を図 11.10 に示す．

この曲線は $P_x/P_c < 0.528$ の範囲では，最大倍率点は $P_x = 0.73 P_c$ (絶対圧) で，$A_m/A_i = 1.24$ という一定の関係となる．

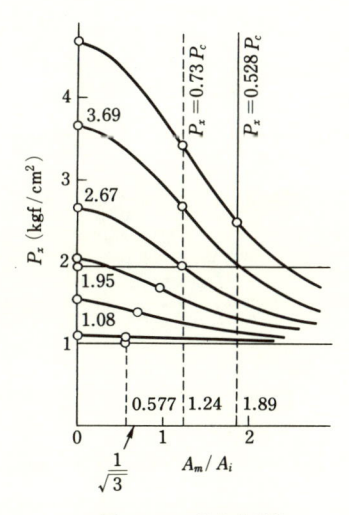

図 11.10 特性曲線[2]

1.95 kgf/cm²（絶対圧）以下では，最大倍率点は左方へ移行していき，1.08 kgf/cm²（絶対圧）の低圧になると，低圧式マイクロメータの項で述べたように，$A_m/A_i = 0.577$ となる[1),2)]．

11.7　空気マイクロメータの利用法

　空気マイクロメータは外・内径，円筒度，テーパなど，測定ノズルの製作可能な形状の被測定物について測定は可能である．
　外径および内径の測定ノズルの代表例を図 11.11，11.12 に示す．
　内径測定を例にとって，空気マイクロメータの測定法について述べる．

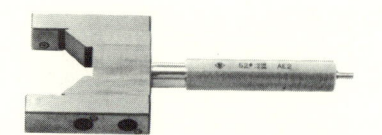

図 11.11　外径測定用ノズル[3)]

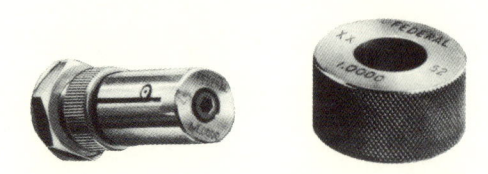

図 11.12　内径測定用ノズルと基準設定用リングゲージ[4)]

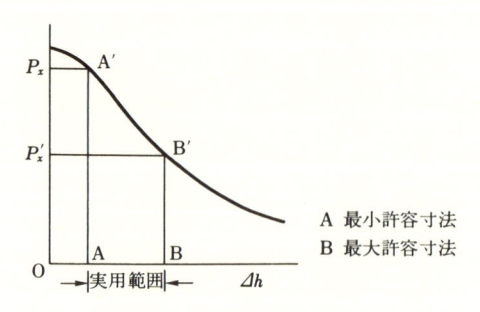

図 11.13　特性曲線と使用法

A 最小許容寸法
B 最大許容寸法

11.7 空気マイクロメータの利用法

　空気マイクロメータは大，小のマスタリングゲージにより，基準点を設定して測定を行う比較測定である．

　図 11.13 背圧式の特性曲線において，A′，B′ 点間が実用範囲である．

　P_x, P_x' 点をマスタリングゲージにより設定する．A 点は最小許容寸法，B 点は最大許容寸法に相当する点である．P_x-P_x' 間の指示値は製品公差内寸法である．P_x-P_x' 間を細分割した目盛により被測定物の寸法を求めることができる．A-B 間をはずれたときは，その被測定物は不合格である．

　特性曲線から見て明らかなように，OA 間および B 点より隙間 $\mathit{\Delta}h$ の大きい部分は直線性と倍率の関係で利用できない．このため，OA 間を測定範囲から除くように，あらかじめノズル部の寸法は隙間が生ずるように設計されている．

　図 11.14 に測定ノズルの構造の詳細を示してある．

　OA 間の隙間をノズルクリアランスと呼び，この値は直径で 20〜40 μm 程度である．

　この構造は被測定物とノズル部とが接触しないため，非接触式である．

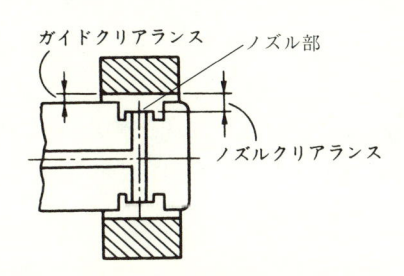

図 11.14 内径測定用ノズル

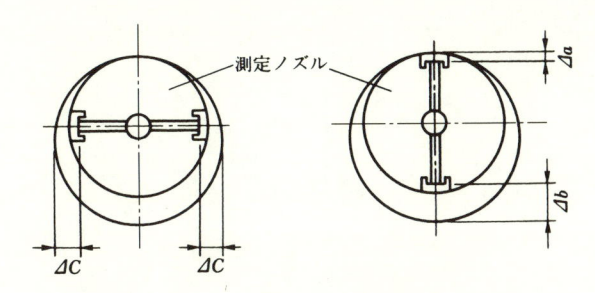

図 11.15 ノズルクリアランスと被測定物の相対位置

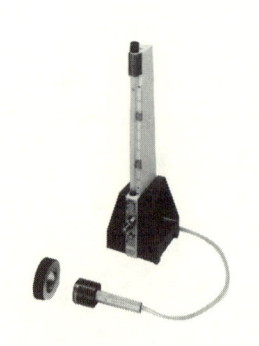

(a) 流量計空気マイクロメータ 　　(b) 高圧背圧式空気マイクロメータ

図 11.16[3)]

　この隙間は図 11.15 に示すように，被測定物とノズルとの相対位置により，対向するノズルクリアランスが異なってくるために測定精度に影響されると考えられるが，ノズルからの空気の流出量の総和には変化なく，測定精度には影響しない．

　図 11.16 に市販されている流量式および高圧背圧式内径測定用空気マイクロメータを示す．

　参考までに，JIS B 7535 に規定されている流量式空気マイクロメータの試験に用いる標準ノズルの形状・寸法を図 11.17 に示す．

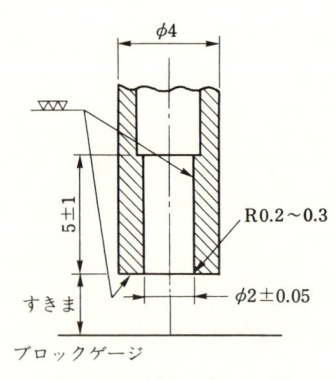

図 11.17　標準ノズルの寸法

11.8 電気信号への変換

空気マイクロメータは高精度であり，かつ検出部の構造が簡単であるため現

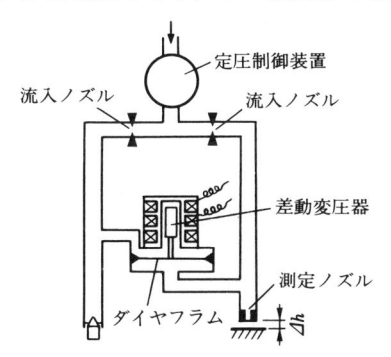

図 11.18 電気信号変換装置

場用測定機として採用されている．ことに内径測定は広範囲の業種に使用されている．寸法測定，製品の良・不良の判別および圧力の電気信号への変換により自動選別，寸法の自動制御のインプロセスゲージングに採用されている．

圧力-電気変換に使用されているユニットの例を図 11.18 に示す．

[演習問題]

11.1 低圧背圧式空気マイクロメータの測定ノズルと流入ノズルとの面積比 $A_n/A_i = 0.577$ の点が最大倍率になることを証明せよ．

11.2 流量式空気マイクロメータの構造とその特性曲線を述べよ．

11.3 空気マイクロメータの測定ノズルのノズルクリアランスとは何か．

12

測定のディジタル化

12.1 はじめに

　従来，精密測定機器は微細分解能についてはある程度満足されていたが，測定範囲が狭く，測定上1つの隘路となっていた．

　近年サブミクロンの精度が要求されるとともに，測定の自動化による静的精度のみならず，動的精度の向上また工作機械のNC化による高精度な位置決め制御用測定装置，計算機処理化などに対応可能な計測機器などの計測システムが開発されてきた．

　長さ測定においては変位量（測定量）を各種の物理量に変換し，連続的な測定量をアナログ量として処理する方法と不連続的である単位量の整数倍となるディジタル量として取り扱うディジタル測定とがある．

　図12.1に測定量の変換の流れを示す．

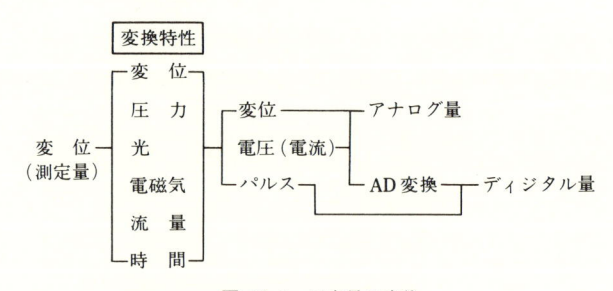

```
                  ┌変換特性┐
                  ├ 変  位
                  │ 圧  力
                  │         ├ 変位  ┐
   変  位 ────────┤ 光       ├ 電圧(電流) ┤── アナログ量
   (測定量)         │ 電磁気   │
                  │         └ パルス ┤── AD変換 ── ディジタル量
                  │ 流  量
                  └ 時  間
```

図 12.1　測定量の変換

12.2 アナログ-ディジタル変換（AD 変換）

12.2.1 AD 変換の基本操作

アナログ量をディジタル量に変換する基本操作として，次の二方式があげられる．

（1） 標本化(sampling)．アナログ量を一定周期ごとにサンプリングしてパルス列に変換することを標本化といい，得られた各パルスの値を標本値という．図 12.2 に標本化の例を示す．

（2） 量子化 (quantization)．連続信号を不連続な階段状信号に変換することを量子化という．すなわち連続信号の変化する範囲をいくつかに区分し，いずれかの区間に入るアナログ量をその区間の代表値とする．図 12.3 に示すように 3 つの形がある．

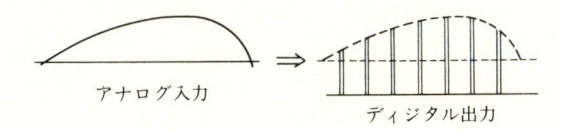

図 12.2　標本化

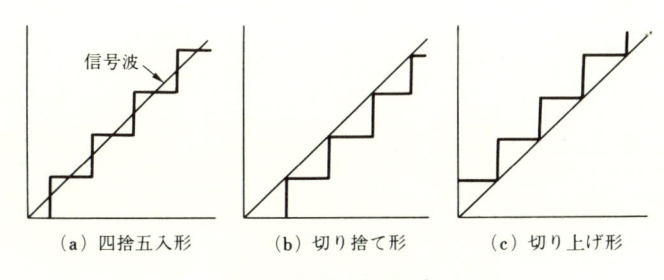

(a) 四捨五入形　(b) 切り捨て形　(c) 切り上げ形

図 12.3　量子化の形式

12.2.2 ディジタル測定の長所と短所

（1） ディジタル測定の長所

ディジタル測定には多くの優れた特徴があげられるが，アナログ測定とディ

ジタル測定との比較を表12.1に示す.

測定機の性能を表示するものとして，式(12.1)で表される性能がある．これを分解性能と呼ぶこととする．

$$\text{分解性能} = \frac{\text{最小表示量（目量）}}{\text{測定範囲}} \quad (12.1)$$

最小表示量または目量 $1\,\mu\text{m}$ の測定機の分解性能について，アナログ式とディジタル式と比較したものを表12.2に示す．

表12.2にあげた分解性能はメーカにより異なるが，ディジタル式が優れていることがわかる．

(2) ディジタル式の短所

表12.1にあげた以外にディジタル測定の短所は，連続量に対して不連続な信号に変換することにより生ずる量子化誤差（quantization error）がある．

図12.4に示す量子化において，四捨五入方式によると，図示する量子化誤差が生ずる．これは最小表示量の値に相当するものであり，最小表示量の±1カウントの誤差は避けられないことを意味する．

表 12.1 ディジタル式とアナログ式との比較

	アナログ式	ディジタル式
測定精度	やや高	高
時間	短い	やや長い
再現性	やや良	良
表示	直感的	直感的でない
演算処理	不便	適
価格	低	高

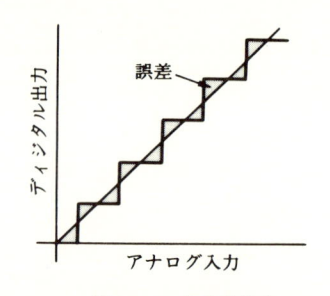

図 12.4 量子化誤差

表 12.2 分解性能の比較

機種	型式	分解性能	原理
マイクロメータ	ディジタル	4×10^{-5}	静電容量
電気マイクロメータ	ディジタル	5×10^{-4}	差動トランス
〃	アナログ	1×10^{-2}	〃
ダイヤルゲージ	アナログ	1×10^{-3}	機械式
インジケータ	ディジタル	2×10^{-5}	光・電気変換式
レーザ測定機	ディジタル	2×10^{-5}	〃

12.2.3 AD変換の方法

アナログ量をディジタル量に変換する方式の代表的なものを図12.5に示す．

基準電圧に鋸歯状波電圧を用いる方式である．鋸歯状波電圧が急に下がる点をスタートパルスとして，アナログ信号波と鋸歯状電圧とが同じ値になった瞬間のエンドパルスとの時間間隔だけクロックパルスを通過させ，パルス数をカウントする方式である．（b）図に鋸歯状波電圧形のパルス数変調の経過を示すが，鋸歯状波電圧の直線性が要求される[1]．

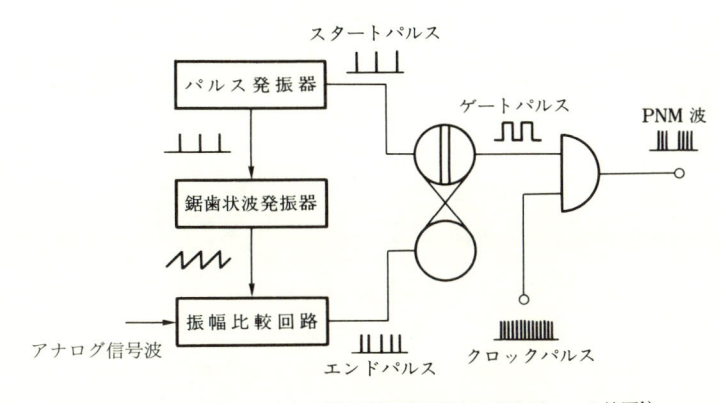

図 12.5(a) 鋸歯状波電圧形AD変換ブロック線図[1]

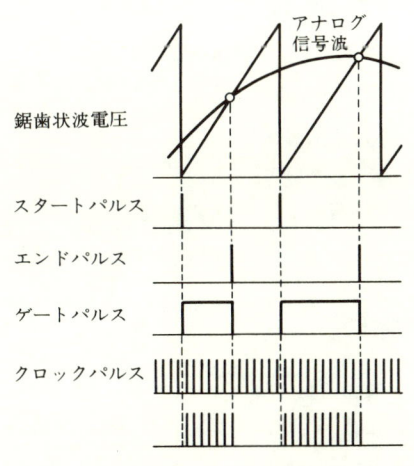

図 12.5(b) パルス数変調[1]

その他基準電圧に階段電圧を用いる方式もあるが，単位量ずつ増加する電圧であるから，この単位電圧を一定にすることによりパルス周波数の正確さは不必要になる．

12.3 ディジタル形測定システム

変位を機械的カウンタによりディジタル量に変換する方式がディジタル測定機の最初であったが，次に述べるアナログ物理量-ディジタル量変換方式の測定機器の開発により，測定機の性能も格段の進歩をなした．

これらは各種ディジタル式測定機器およびリニアエンコーダ，ロータリエンコーダまたはディジタル式スケールと呼ばれており，三次元座標測定機，NC工作機械などに広く使用されている．

このディジタル式スケールは原理的に次のようなものがあげられる．
(a) 直線変位-光-電気信号変換方式
(b) 直線変位-電磁気変換方式

12.4 直線変位-光-電気信号変換方式

光学式リニアエンコーダと呼ばれているもので，大きく分けて次の二方式があげられるが，ここでは広く利用されている光学縞計数法について述べる．
(a) 光軸基準形（光電顕微鏡法）
(b) 光学縞計数法（格子法）

12.5 光学縞計数法

12.5.1 モアレ縞計数法

等間隔の格子をもった格子 G_1 と G_2 をわずかに傾けて交差させると，図12.6に示すように横に太い縞模様が見える．この縞をモアレ縞（Moire fringes）と呼んでいる．

12.5 光学縞計数法

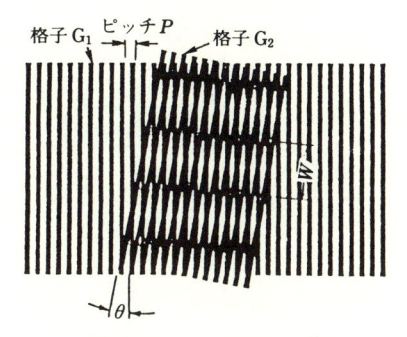

図 12.6 モアレ縞の原理[2)]

図において，格子 G_1 に対して G_2 を微小角傾ける．

格子のピッチを P，交差角を θ とすると，発生するモアレ縞のピッチ W は

$$W = \frac{P}{\sin\theta} \fallingdotseq \frac{P}{\theta} \tag{12.2}$$

となる．

この式から判断して，格子の横方向の変位が拡大されたことになる．

たとえば，式 (12.2) において，$P=0.01\,\text{mm}$，$\theta=0.1' \fallingdotseq 0.00029\,(\text{rad})$ の条件において，$W=34.48\cdots\text{mm}$ となる．

モアレ縞の測定原理は図 12.7，12.8 に示す．

図 12.7 において，固定格子の後方に図 12.8 に示すマスクがあり，このマス

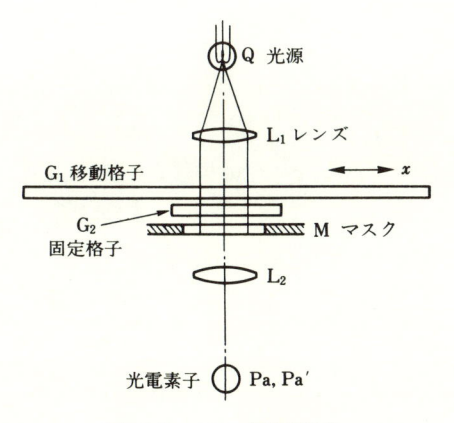

図 12.7 モアレ縞測定法[2)]

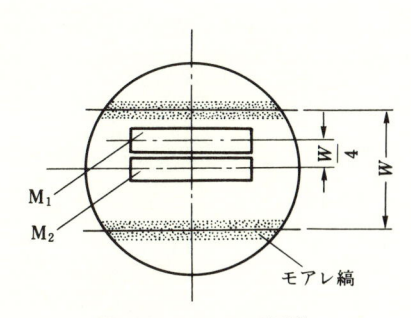

図 12.8 マスクの形状[2)]

(a) 格子 G_1 が右へ動いたとき

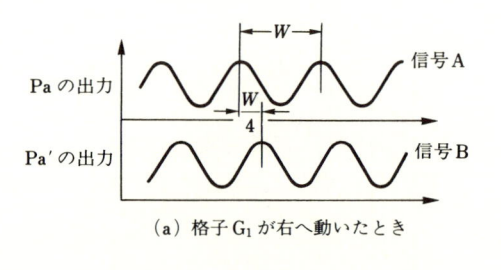

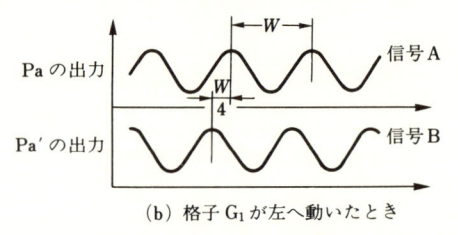

(b) 格子 G_1 が左へ動いたとき

図 12.9 出力信号[2]

クにはモアレ縞のピッチ W の 1/4 に相当する間隔に，M_1 および M_2 の長方形のスリットがあけてある．このスリットの後方に光電素子 Pa, Pa′ が配置してある．図に示すような構成で格子 G_1 を右方に変位させると，モアレ縞は上から下に移動し，反対に G_1 を左方に移動させると，縞は下から上へ移動する．

これによりスリットを通過する光量が増減するため，光電素子により位相が 1/4 ピッチずれた 2 つの出力信号が得られる．

これらの出力信号を図 12.9 に示してある．

この 2 つの出力信号により，移動方向判別とピッチの細分割を行う．

（1）移動方向判別法

移動方向の判別のブロック線図を図 12.10 に，また波形の推移を図 12.11 に示してある．

光電素子 Pa, Pa′ よりの出力信号は，シュミット回路により矩形波 A′, B′ に変換され，A′ は微分回路を経て a となり，B′ は位相反転回路により B″ に変換され，各ゲート回路を経て左右の移動方向に判別されたパルスが出力される．しかしこのパルスは出力信号の 1 ピッチに相当する．1 ピッチは 4 μm 程度が限界であるため，精密測定の最小表示量としては不十分である[2]．

12.5 光学縞計数法

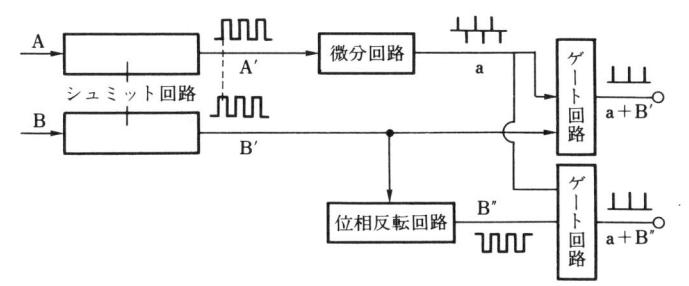

図 12.10 方向判別ブロック線図[2]

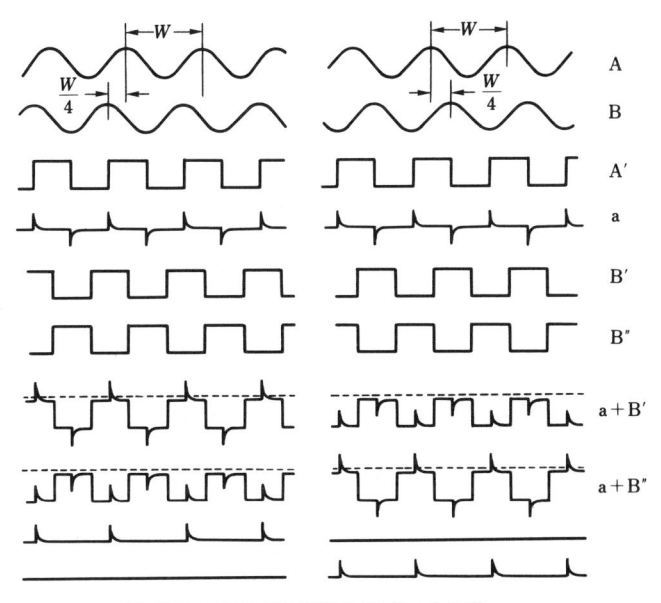

図 12.11 測定方向判別法(波形の推移)[2]

(2) 1ピッチ間の細分方法

1ピッチ間を細分割する方法は,図12.12に示す波形の推移のように,図12.11のA′の矩形波を位相反転-微分回路により,またB′,B″の矩形波を微分回路によりパルス信号に変換することを追加し,おのおのゲート回路に入れると1ピッチの1/4, 2/4, 3/4の位置でパルスが得られ1ピッチが4分割される.

格子ピッチ$4\,\mu m$とすれば,1ピッチの1/4すなわち$1\,\mu m$の最小読取値が求められる[2].

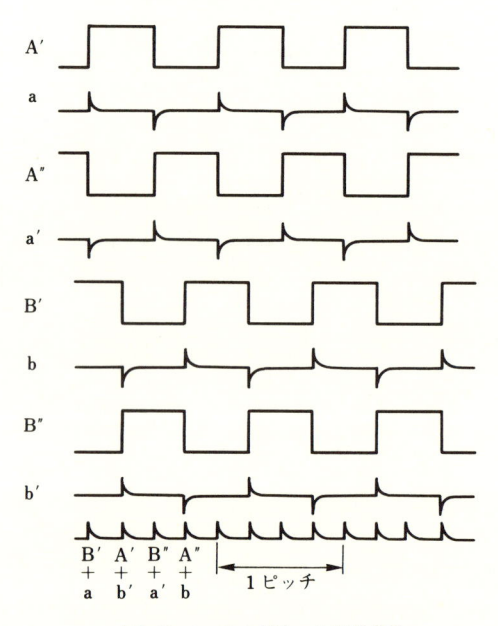

図 12.12 細分割法の波形推移[3]

12.5.2 リニアエンコーダ

リニアエンコーダ (linear encorder) の代表的な原理を図 12.13 に示す．

図において，ガラス板の表面に一定間隔でクロムを蒸着して，明暗のパターンがつけられているメインスケールとインデックススケールとからなり，これらは相互にピッチの位相が 1/4 ずれた構成になっており，図に示すように，おのおののスリットの後方に受光素子が設けてある．

受光素子 a′, b′ からの出力電圧の位相を反転し，受光素子 a, b の出力電圧に加算すると，図 12.14 に示す安定した出力信号 A, B が得られる．

A, B は周期が同じで，位相が $\pi/2$ ずれた正弦波であり，これらを重ね合わせる．

A の波形を $X = a \sin P$，B の波形を $Y = b \sin (P + \pi/2)$ とすると，これらの合成波 Z は次式となる．

$$Z = c \sin (P + \theta) \qquad (12.3)$$

12.5 光学縞計数法

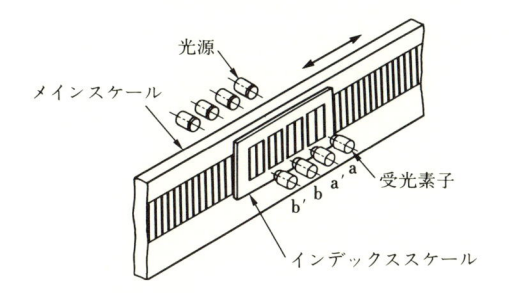

図 12.13 リニアエンコーダの原理[4]

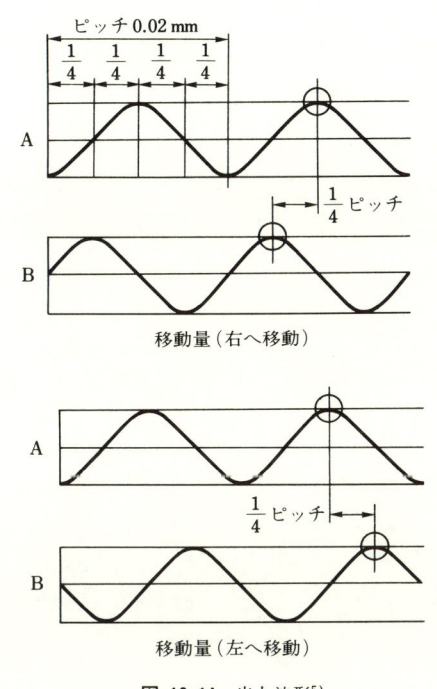

図 12.14 出力波形[5]

ただし $c=\sqrt{a^2+b^2}$, $\tan\theta=b/a$.

　信号の振幅は抵抗器のような素子により自由に減衰できるため，振幅の比 b/a を変えることにより位相 θ を変え，位相の異なった信号をつくり出し，1ピッチ内を細分割する．

移動方向の判別は，信号 A, B の相対位置がスケールの移動方向により異なるため検出できる[5]．

12.6　インダクタンス式スケール

12.6.1　磁気スケール

波長 λ の一定周期の磁気目盛をテープや丸棒に記録して，磁気スケール（magnetic scale）をつくり，図 12.15 に示すように磁気ヘッドを配置すると，磁気スケールからの励磁磁束は ABCD を流れる．磁気コイルに交流電流を流すと，コア部 BCFE に交流磁束が発生する．

図において，励磁による磁束と交流磁束が同一方向に流れるときは，出力信号は強くなり，方向反対のときは弱くなる．

図 12.16 において，励磁電流をチャネル 2 に入れ，この電流に対して 45° 位相をずらした電流をチャネル 1 に入れて，ヘッドを移動させると，スケールの励磁磁束により励磁コイルからの交流磁束波（搬送波）は振幅変調を起こし，図 12.17(a), (b) に示すような変調波となる．

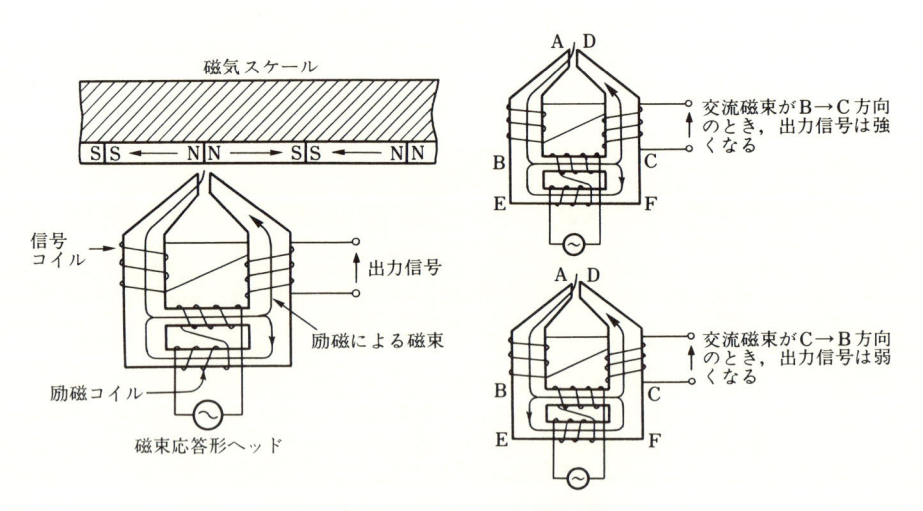

図 12.15　磁束応答ヘッドの作動原理[6]

12.6 インダクタンス式スケール

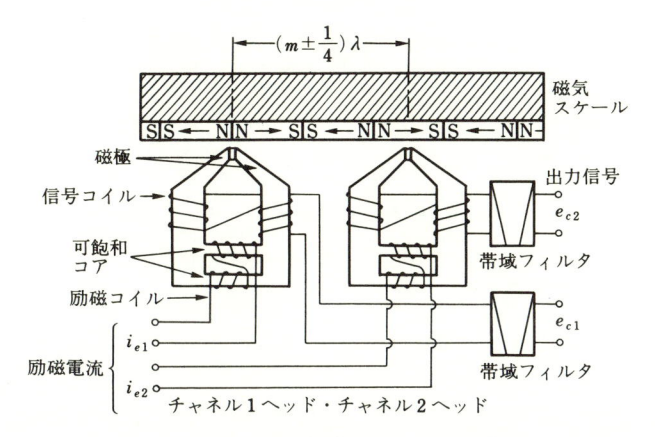

図 12.16 磁気スケールの原理[6]

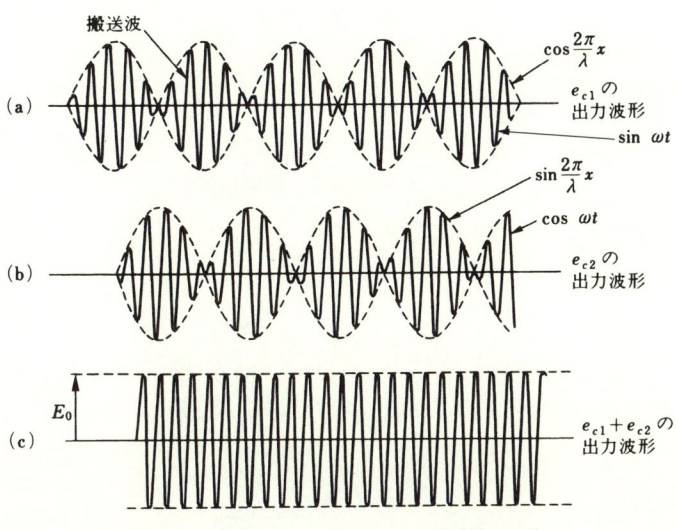

図 12.17 ヘッドからの出力信号とその加算搬送波[6]

両ヘッドからの出力電圧を e_{c1}, e_{c2} とする.

両ヘッドの出力電圧 e_{c1}, e_{c2} を加算すると, (c)図のようにうねりがなくなり, 位相がもとの搬送波に対してずれてくる.

励磁電流 i_e は次式で表される.

$$i_e = I_e \sin\left(\frac{\omega t}{2}\right) \tag{12.4}$$

ただし I_e：最大電流値，ω：角周波数，t：時間．

ヘッドからの出力信号 e_{c_1}, e_{c_2} を加算して，e_0 を求める．

$$e_0 = e_{c_1} + e_{c_2} = E_0 \sin \omega t \cos \frac{2\pi}{\lambda} x + E_0 \cos \omega t \sin \frac{2\pi}{\lambda} x$$

$$= E_0 \sin\left(\omega t + \frac{2\pi}{\lambda} x\right) \tag{12.5}$$

ここに E_0：出力乗数，ω：角周波数，λ：スケールの記録波長，x：スケール上の変位量

式 (12.5) は，搬送波の位相がスケール上の変位量 x に比例して変化することを示している．

1波長間のスケール上の変位の細分割と1波長単位ごとの読取り方法は，図 12.18 のブロック線図に示してある．

1波長間の細分割は，図 12.19 に示すように基準パルスと加算信号 e_0 との位相のずれをクロックパルスでカウントする方法である．1波長 0.2 mm 間を 200 パルス出力すれば，1パルス 1 μm 単位の変位量を読み取ることができる．1波長単位の読取りは，図 12.18 の低域フィルタを通すと，図 12.20 に示すように三角形状の出力となり，このときの最大電圧点のパルスを取り出すことにより，1波長ごとのパルスをカウントして求めることができる．

スケールの移動方向は左方向と右方向の電圧出力の形状により，図（b）と図（d）の方向反対のパルスを取り出すため方向判別が可能となる[6]．

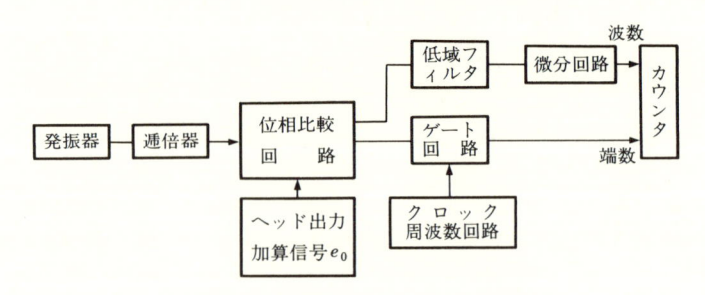

図 12.18 読取り方法のブロック線図[6]

図 12.19　細分割の方法[6]

図 12.20　移動方向の判別[6]

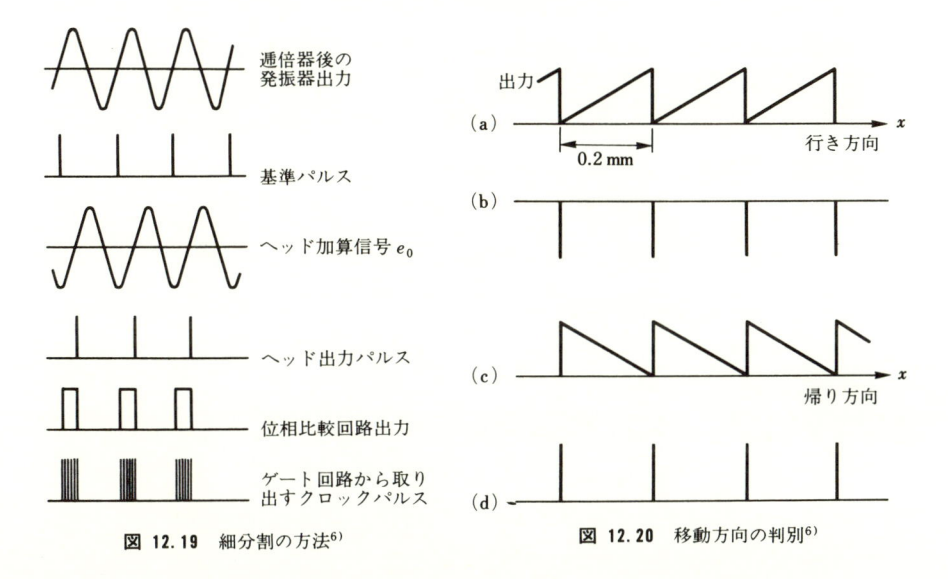

12.6.2　可動コイル形スケール

2個のコイルの相対位置を変化させてインダクタンスの変化を利用する方式で，代表的例として直線配置形はインダクトシン（Inductosyn）として知られているものがある．

図 12.21 に示すように2個の導体を微小隙間で平行に対向させて，一方に交流電圧を加え励磁させると，電磁誘導作用により他方に電圧が誘起される．インダクトシンは，この原理を利用している．

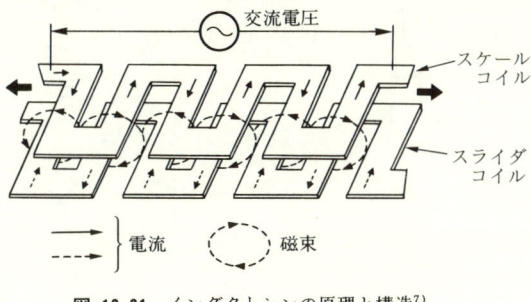

図 12.21　インダクトシンの原理と構造[7]

スライダコイルを移動させると発生する誘起電圧は，スケールコイルとスライダコイルとの相対位置により変化する．

いま図 12.22 に示すように 1/4 ピッチずつスライダコイルを移動させると，誘起電圧は余弦波の変化をする．

図 12.23 に示すように，1/4 ピッチの間隔をおいて配置されている A, B 2 つのコイルをもつスライダコイルを矢印の方向に移動させると，A コイルには余弦波，B コイルには正弦波の波形の誘起電圧が発生する．

いま変位移動量を X とすると，このときのおのおのの電圧 V_a, V_b は次式により表される．

$$V_a = KI \cos \pi X \sin \omega t$$
$$V_b = KI \sin \pi X \sin \omega t$$

ただし K：スライダコイルとスケールコイルとの隙間に関する係数

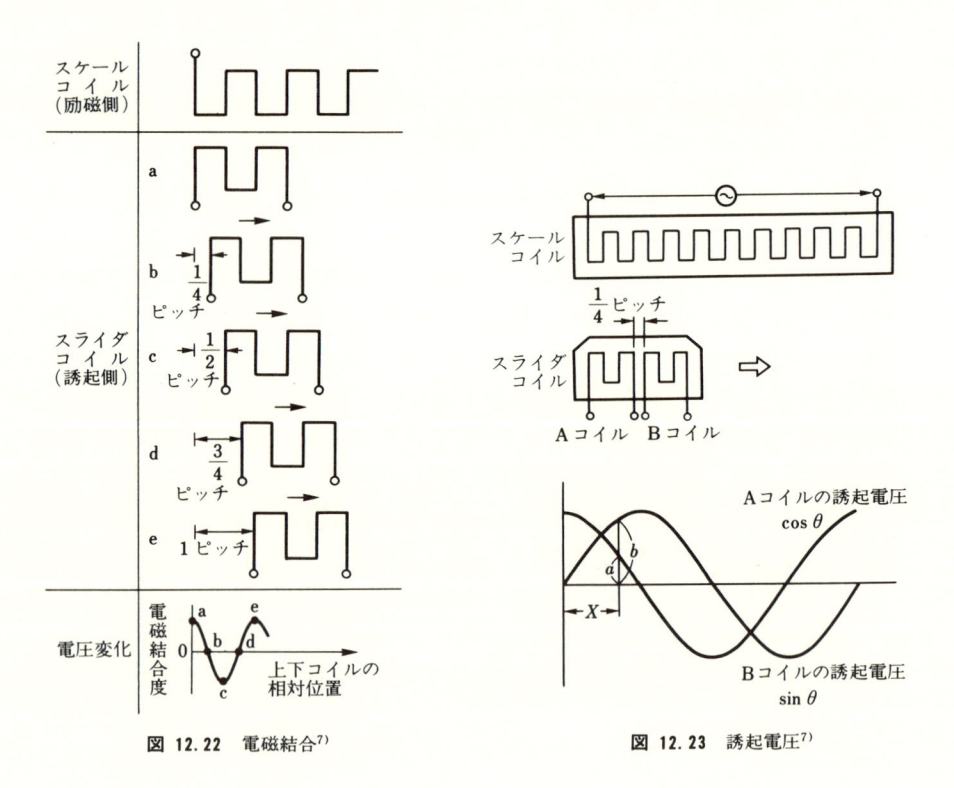

図 12.22 電磁結合[7]

図 12.23 誘起電圧[7]

I：励磁電流の振幅　　ω：励磁電流の角周波数
t：時間　　　　　　　X：変位移動量

ここで V_a, V_b を測定すると，すなわち図において a, b の電圧を求めると変位量が求められる．この V_a, V_b の時間的位相を 90°ずらして加え合わせ，この電圧を V とすると，V は

$$V = KI \sin \pi X \cdot \sin\left(\omega t + \frac{\pi}{2}\right) + KI \cos \pi X \cdot \sin \omega t$$
$$= KI \sin (\omega t + \pi X) \tag{12.6}$$

となる．

ここにおいて変位量 X は位相の変化 πX として検出される．

コイルのピッチは 2 mm であるが，たとえば電気的に 2,000 等分して 1 μm 単位の測定が可能である．また，1 ピッチ以上の移動量の測定はコイル 1 ピッチ移動ごとに 1 パルスの信号を発生させる装置を設け，1 ピッチすなわち 2 mm 以上の移動量をカウントすることにより求められる[7]．

[演習問題]

12.1　量子化誤差について述べよ．
12.2　次のディジタルスケールの原理を簡単に説明せよ．
　　　a．モアレ縞スケール
　　　b．磁気スケール
　　　c．可動コイル形スケール
　　　d．リニアエンコーダ

13

角度の測定

13.1 はじめに

　角度は円弧の長さとその円の半径との比で決められる単位であり，SI 単位においてはラジアン（$1° = \pi/180$ rad）が採用されている．
　角度基準としては，表 13.1 のように分類される．

表 13.1 角度基準

端面基準	ゲージ	角度ゲージ，直角定規
目盛基準	目盛円盤	割出盤
	重力式	水準器
	光学式	オートコリメータ
	光学-電気変換式	ロータリエンコーダ

13.2 端面基準

13.2.1 角度ゲージ

　角度ゲージは，ヨハンソン式と NPL 式とある．ヨハンソン式は 1 個または 2 個組み合わせて使用し，NPL 式はゲージ 1 個のみでなく数個のゲージを組み合わせて，希望する任意の角度を設定することができる．
　ヨハンソン式は 85 個がセットを構成し，その精度は $\pm 3''$ および $\pm 6''$ である．NPL 式は $0.05' \sim 41°$ まで 13 個で構成され，その精度は $\pm 2''$ である．NPL 式角度ゲージは，ブロックゲージと同様に密着することができる．このため使用の

13.2 端面基準

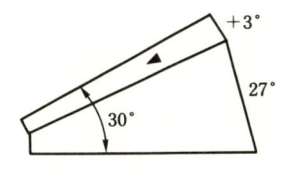

図 13.1 角度ゲージ設定法(30°)

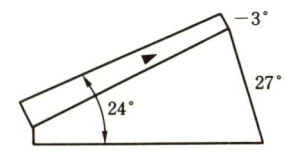

図 13.2 角度ゲージ設定法(24°)

一例として図 13.1, 13.2 に示すように, 27°, 3° の 2 個のゲージにより, 3° のゲージを 180° 半転させることにより, 24° と 30° の角度が設定でき, 2 個のゲージにより合計 4 角度の基準が求められる.

13.2.2 直角定規

直角定規 (squares) は 90° の角度を固定した角度基準であり, 広く使用されている. この直角定規の一例と各部の名称を図 13.3 に示す. また直角定規の種類とその精度は JIS B 7526 に規定されている. これを表 13.2 に示す.

種類により直角度の精度が大きく異なり, ことに現場用角度基準として図 13.3 に示す台付直角定規が角度基準として多用されているので, 使用上十分な注意が必要である.

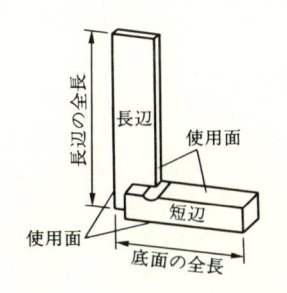

図 13.3 直角定規の各部の名称

表 13.2 直角定規の種類と精度 (JIS B 7526)

種 類	等級	用途（参考）	直角度許容値の算式
刃形直角定規		標準用	$\pm(2+L/100)\,\mu m$
I 直角定規	1 級		
	2 級	検査用	$\pm(5+L/50)\,\mu m$
平形直角定規	1 級	工作用	$\pm(10+L/10)\,\mu m$
台付直角定規	2 級		$\pm(20+L/50)\,\mu m$
特級（参考）			$\pm(2+L/200)\,\mu m$

注：L(mm) は, 呼び寸法 (使用面の全長) を表す.

13.2.3 円筒スコヤ

円筒スコヤ (cylindrical squares) は製作が容易であり, 現場用として多く使用されている.

直角度，円筒度の許容値は JIS B 7539 に規定されているが，直角度の精度は直角定規の特級と等しく，許容値の算出式は以下のとおりである．

$$直角度，円筒度 = \pm\left(2 + \frac{L}{200}\right) \ \mu m$$

ただし L：長さ（mm）．

13.2.4 直角定規の精度検査方法

直角定規の検査は直角定規検査器または直角基準器により行うが，ここでは両者を必要としない検査方法について述べる．

直角度誤差の不明な円筒スコヤ（ただし円筒度良好なもの）と精密定盤を準備し，図13.4のように角度 θ を測定し，直角定規を円筒スコヤの180°反対側におき同様に角度 θ' を測定する．

直角度誤差を E とすると，式 (13.1) により求められる．

$$E = \frac{\theta + \theta'}{2} \tag{13.1}$$

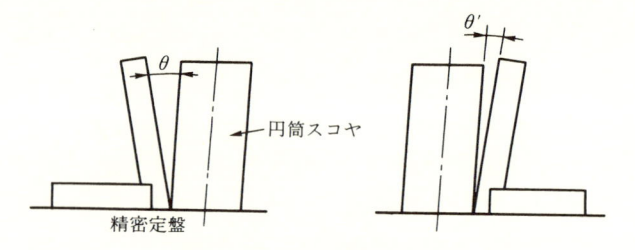

図 13.4 直角定規検査法 (2)

θ の測定法は，図13.5に示すように直角定規底面の両端面に近い位置にブロックゲージ（長さ＝L）を介してピンゲージをセットする．

図において，d_2 側に直径の異なったピンゲージを順次置き換えて，円筒スコヤの円筒面と直角定規の長辺側面を密着させたとき（密着面を光に通過しない条件）の d_2 を求めると，θ は式 (13.2) により誘導される．

13.2 端面基準

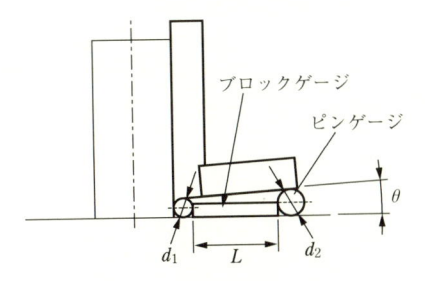

図 13.5 タンジェントバー方式

$$\theta = 2\tan^{-1}\frac{d_2 - d_1}{2L + d_1 + d_2} \tag{13.2}$$

13.2.5 サインバー

サインバー (sine bars) は三角関数 sine によって希望する角度を求めることができるもので,角度の測定,加工時の角度の設定などに利用されている.

図 13.6 に示すように,直径の等しいローラ 2 個を中心距離 L の位置にねじで本体に固定したもので,寸法 h のブロックゲージを片側のローラの下に置くと,所望の角度 θ は式 (13.3) で求められる.

$$\theta = \sin^{-1}\frac{h}{L} \tag{13.3}$$

一般に $L=100$,200 mm が採用されている.

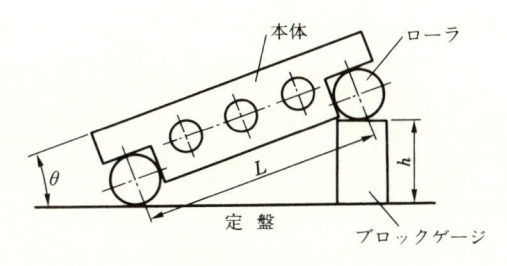

図 13.6 サインバー

サインバーによる角度測定は間接測定であるが,JIS B 7523 を満足する条件であれば,設定角度 30°において 40 μrad (8″) の精度が得られる.

設定角度が $45°$ 以上になると測定誤差が大きくなり，この測定条件は避けなければならない．またサインバー本体側面と測定対象側面を平行にセットしなければ，複合角を測定することとなり誤差を生じる．平行にセットされても，測定方向が測定対象側面と平行でないときも複合角を測定することになる*．

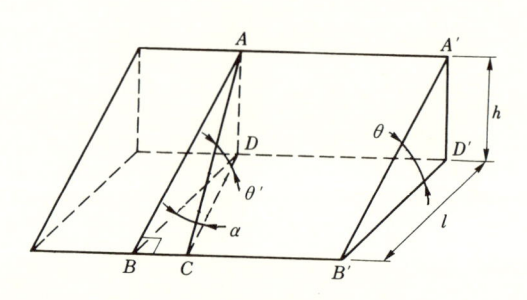

図 13.7　複合角

複合角 θ' は，図 13.7 に示す．図において
$\angle ABD = \angle A'B'D' = \theta$：ゲージ角度またはサインバー設定角度
$\angle BDC = \alpha$：ゲージ・サインバーなどの基準面に対する測定方向の角度または測定対象の設置角度
$\angle ACD = \theta'$：測定角度または複合角度
とすれば，複合角 θ' は，式（13.4）より求められる．

$$\tan\theta' = \tan\theta \times \cos\alpha \tag{13.4}$$

例．　$\theta=30°$，$\alpha=5°$ の条件において $\theta'=29°54'$ となる．

13.2.6　テーパの測定

機械部品のテーパ部，工具類のテーパシャンクなどの検査は限界テーパゲージが使用される．テーパを直接測定するには，図 13.8 に示すように定盤上に一対のローラとブロックゲージを併用し，E_1，E_2 を測定する．

---

* 図 13.1，13.2 に示す角度ゲージを密着するときは，ゲージの側面を平行にすること．

テーパ角（円すい角）を α とすれば，式 (13.5) で求められる．

$$\tan\frac{\alpha}{2}=\frac{E_2-E_1}{2h} \tag{13.5}$$

またテーパの小端部の直径 D は，式 (13.6) で求められる．

$$D=E_1-d\left\{1+\cot\left(45°-\frac{\alpha}{4}\right)\right\} \tag{13.6}$$

テーパ穴の精度は，図 13.9 に示すように 2 個の精密ボールを使用して，E_1'，E_2' を求める．また現場的には，精度の明らかなテーパプラグゲージに光明丹を薄く塗り，両者の当たりを観測する方法が採用されている．この検査方法は JIS B 3301 に詳細に規定されている．

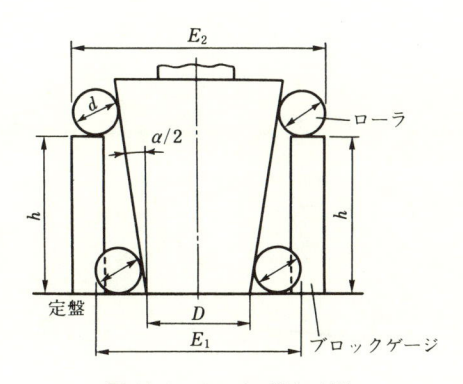

図 13.8 テーパの測定（軸）

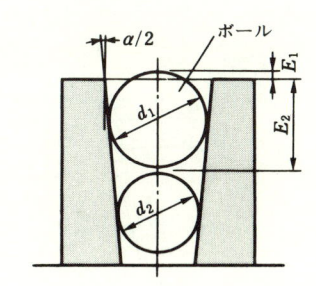

図 13.9 テーパの測定（穴）

式 (13.6) において，ローラの直径に Δd の誤差が含まれていたとき，小端部の径 D に及ぼす誤差を ΔD とすると，式 (13.7) で表される．

$$\Delta D=\{1+\cot(45°-\alpha/4)\}\Delta d \tag{13.7}$$

例．モールステーパ 3 番用プラグゲージの $\alpha=2°51'$，$D=17.780\pm0.005$ mm．式 (13.7) より $\Delta D\fallingdotseq 2\Delta d$，ゆえに $\Delta d<1\,\mu\mathrm{m}$ が望ましい．

13.3　目盛基準

13.3.1　水準器

水準器 (levels) の原理は図 13.10 に示すように，管形のガラス容器中にアルコールまたはエーテルを入れ，表面に気泡を残したものである．

図において，傾斜角 ϕ(秒) と変位 a(mm) との関係は式 (13.8) となる．

$$\frac{2\pi R}{a} = \frac{360\cdot 60\cdot 60}{\phi} \tag{13.8}$$

JIS B 7511 において，精密水準器の感度は気泡を1目盛変位させるに必要な傾斜をいい，この傾斜は底辺1mに対する高さまたは角度（秒）で表すよう規定されている．図 13.11 に代表例を示す．

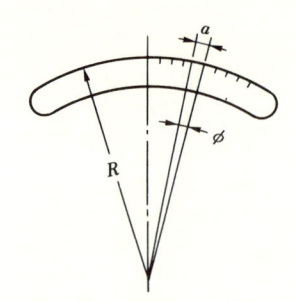

図 13.10　水準器の原理

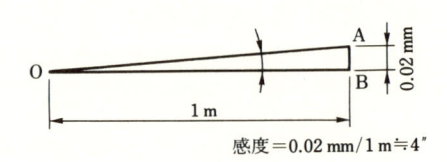

図 13.11　感度の表示法

この例では感度は，0.02 mm/1 m または約4秒である．精密水準器としては $R=250$ mm（2秒）まで製作されている．

平形および角形水準器を図 13.12 に示してあるが，角形水準器は直角度の測定も可能である．

重力を利用した気泡管による水準器に代わり振り子の原理を利用した電気水準器が開発され，自動記録，真直度，平面度のデータ処理などに大きなメリットが認められ，各方面で使用されている．

13.3 目盛基準

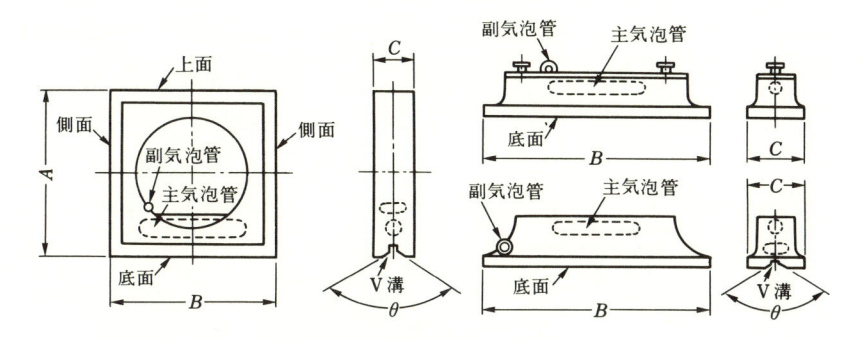

図 13.12 平形, 角形水準器 (JIS B 7510, 7511)

電気水準器は振り子の先端に差動変圧器のコアをつけたもので, 測定精度は高く, 測定範囲も広くかつ応答速度も速い. 代表例として最小目盛 0.5″, 測定範囲 ±50″ の性能をもつ水準器が市販されている.

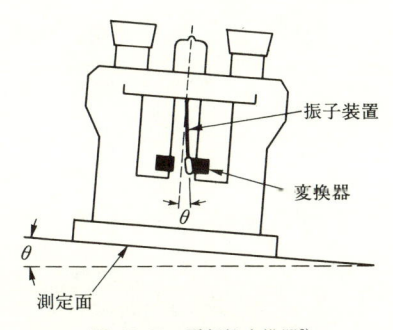

代表例を図 13.13 に示す.

図 13.13 電気的水準器[2]

13.3.2 角度割出台, 角度割出円テーブル

角度の精密測定機器, 治具中ぐり盤, フライス盤などに付属する角度割出台, 円テーブルがある. これらは機械的に分割する方法と光学的方法とがある.

図 13.14 光学的円テーブル[1]

図 13.15 偏心誤差

図 13.14 に光学的円テーブルの一例を示す．最小読取値は 1″ である．

これらを使用して角度測定をしたとき注意すべき点は，円テーブル，割出台の中心とこれらにセットされた被測定物，工作物の中心とのずれにより偏心誤差が生ずることである．

図 13.15 において，円盤目盛中心：O，円盤の回転角 $\angle A_1 O A_2 : \alpha$，被測定物の中心：$O_1$，$\alpha$ 回転後：O_1'，被測定物の回転角 $\angle B_1 O_1 B_2 : \beta$，被測定物の半径：$r$，被測定物と円盤との偏心量：$e$，偏心による回転角の差：$\Delta e$ とすると

$$\beta = \alpha + \tan^{-1}\frac{e\sin(\pi-\alpha)}{e\cos(\pi-\alpha)+e+r} = \alpha + \tan^{-1}\frac{e\sin\alpha}{r+e(1-\cos\alpha)}$$

となる．ゆえに

$$\Delta e = \beta - \alpha = \tan^{-1}\frac{e\sin\alpha}{r+e(1-\cos\alpha)} \tag{13.9}$$

となる．Δe の最大値の生ずる回転角を α_{max} とすれば

$$\alpha_{max} = \cos^{-1}\frac{e}{r+e} \tag{13.10}$$

となる．

［**例 13.1**］ 被測定物の半径 $r=100$ mm，偏心量 $e=0.1$ mm，回転角 $\alpha=90°$ のとき $\Delta e = 0.057° = 3.4'$ となる．

図 13.16 オートコリメータ[3)]

図 13.17 視　野[3)]

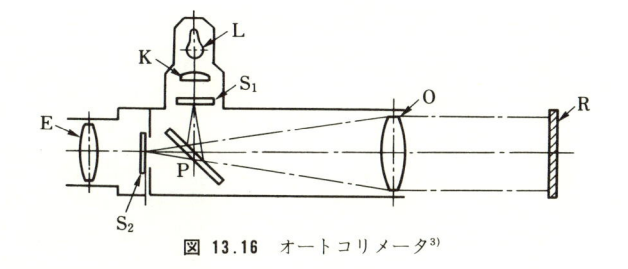

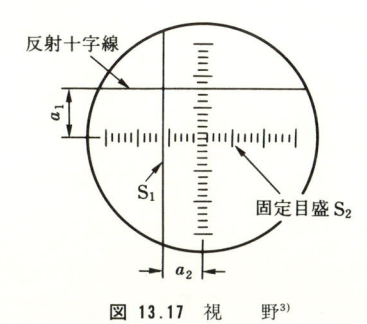

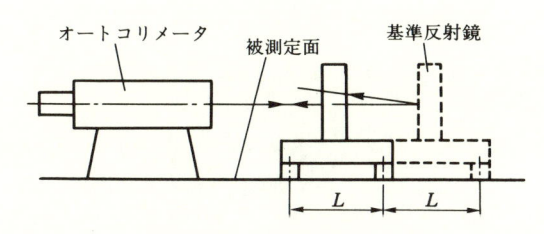

図 13.18 真直度の測定

13.3.3 オートコリメータ

オートコリメータの光学系を示す図13.16において，光源Lから出た光は十字線の刻まれたスケールガラスS_1を通過し，Rで反射して（図13.18において基準反射鏡）接眼レンズEに入る．

S_2は固定十字目盛が刻まれている．オートコリメータ（autocollimators）の視野を図13.17に示す．図において反射十字線と固定目盛とのずれa_1, a_2が測定値であり，被測定面に対して基準反射鏡がa_1は前後方向，a_2は左右方向の傾きを表している．

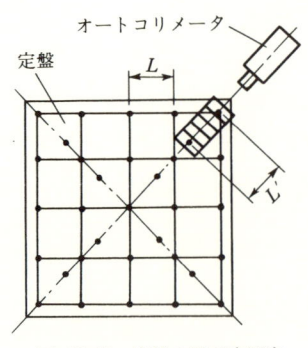

図 13.19 定盤の平面度測定

図 13.20 ロータリエンコーダ[4]

図13.18は直定規などの真直度を測定している例を示す．基準反射鏡の足は一般にブロックゲージを接着して使用し，この足の間隔 L の長さずつ反射鏡を移動させて測定する．

図13.19はオートコリメータを使用して定盤の平面度を測定している例を示している．基準反射鏡の足の間隔は，対角線を測定するときは L' に変更する必要がある．

13.3.4 ロータリエンコーダ

回転スリット円板とインデックススリットを組み合わせ，通過する光の明暗を電気信号に変換して角度をディジタルに表示するもので，角度測定器の主流となりつつある．

図13.20にロータリエンコーダの一例を示す．現在1回転432,000パルスの高分解能のものが市販されている．

[演習問題]

13.1 直角定規の検査方法の代表例を1つあげて，説明せよ．
13.2 水準器の原理を述べよ．
13.3 複合角の生ずる原因について述べよ．
13.4 オートコリメータの利用法を上げよ．

14

内径測定

14.1 はじめに

　内径測定は外径測定と比較すると高精度な測定は困難であり，予想以上の誤差が生ずるものである．とくに小穴の測定についてはこのことがいえる．
　ここでは，内径測定の基本的な事柄および測定上の問題点などについて述べる．

14.2 内径測定の原則

14.2.1 穴の中心軸上の測定

　内径測定は図 14.1 に示すように，穴の中心軸上の真の直径 d_0 を測定することが絶対条件の 1 つである．
　中心軸より e だけ偏位した位置を測定し，その直径を d とした場合，これによる誤差を $\varDelta d_1$ とすると

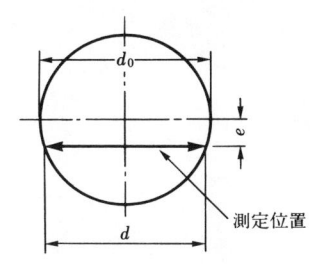

図 14.1 中心軸の測定

表 14.1 d_0 と e との関係

d_0 (mm)	e (mm)
1	0.02
5	0.05
10	0.07
20	0.10

$$\Delta d_1 = d - d_0 = \frac{2e^2}{d_0} \tag{14.1}$$

となる．

式(14.1)において，$\Delta d_1 = 1\ \mu m$ の条件を満足させる d_0 と e との関係を表14.1に示す．小穴の測定すなわち d_0 が小さくなったときには，十分な注意が必要である．

14.2.2 軸直角の直径の測定

穴の直径は軸方向の中心軸に対して直角に，すなわち図14.2に示す d_0 を測定することが前項と同様に，絶対条件である．

いま中心軸に対して α 傾いた条件で d を測定し，真の直径 d_0 との差を Δd_2 とすると

$$\Delta d_2 = d - d_0 = \frac{\alpha^2 d}{2} \tag{14.2}$$

となる．

Δd_2 は式(14.2)から見ると，内径の大きいものはこの傾きの影響が大である．$\Delta d_2 = 1\ \mu m$ を満足させる d_0 と α との関係を表14.2に示す．

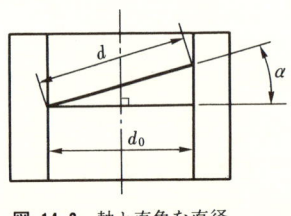

図 14.2 軸と直角な直径

表 14.2 d_0 と α との関係

d_0 (mm)	α°
1	2.6
5	1.2
10	0.8
20	0.6

14.3 内径の検出方式

内径寸法を検出する方式は次にあげる2方式がある．

14.3.1 半径方向検出方式

内径の大きさを図14.3に示すように，半径方向に直接測定する方式で，図

14.4〜14.6 に代表例を示す．

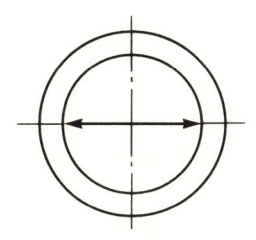

図 14.3　半径方向の検出

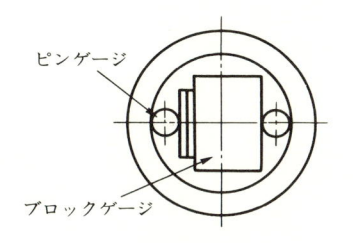

図 14.4　ピンゲージとブロックゲージによる内径測定

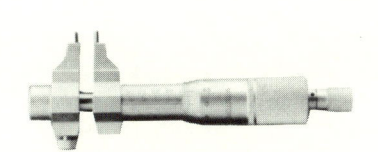

図 14.5　内側マイクロメータ[1]

図 14.6　測長機による内径測定[2]

14.3.2　軸方向変換方式

内径の半径方向の大きさを図 14.7 に示すように，軸方向に変換する測定方式であり，変換するための機構の誤差が含まれるが，小型に構成できる点から現場用測定器として広く採用されている．

図 14.8 に軸方向変換方式の代表例としてシリンダゲージを示し，図 14.9 に直角方向に変換する機構の代表例を示してある．

図 14.7 軸方向の変換

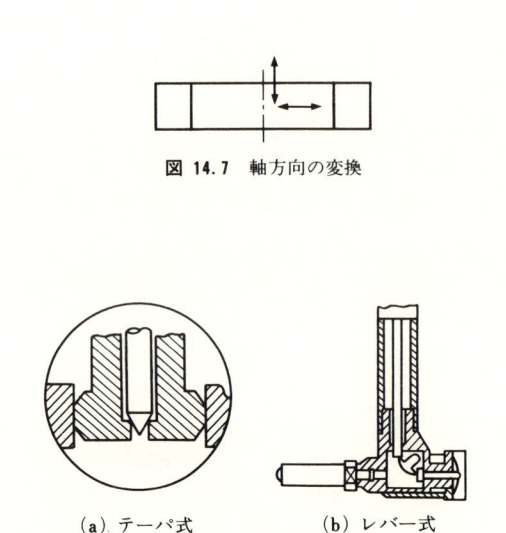

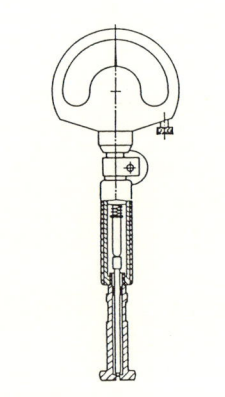

図 14.8 シリンダゲージ[3]

(a) テーパ式　　(b) レバー式

図 14.9 変換機構[3]

14.4　検出部の構造

内径の検出部の構造を表 14.3 に示す．内径の検出方法は接触式と非接触式に分かれる．接触式は測定子の数と形状により分類される．

14.4.1　二 点 式

測定子2個で内径を測定する方式であり，図 14.10 に示す．測定子は可動測定子と固定測定子との組合せまたは2個の可動測定子の組合せとがある．

表 14.3　検出部の構造

接触式	二点式
	三点式
	選択ピンゲージ方式
非接触式	空気マイクロメータ

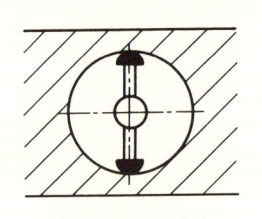

図 14.10 二点式

14.4 検出部の構造

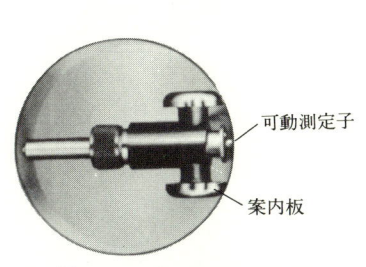

図 14.11 求心装置（案内板）[4]

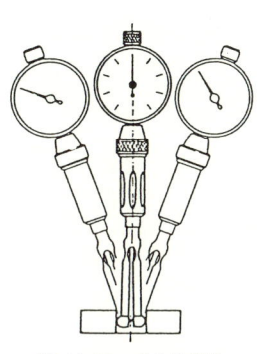

図 14.12 求心作業[4]

図 14.13 円筒形状ガイド[3]

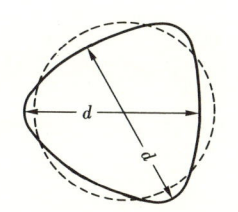

図 14.14 等径歪円

二点式は内径測定の原則を満足するため，内径軸心に一致させる求心調整作業が必要である．

図 14.11 はシリンダゲージの自動求心機構で案内板と呼ばれている．軸直角方向の直径は，図 14.12 に示すように前後または左右に揺動 (swivelling) させなければならないが，求心作業は測定誤差の原因にもなり，また測定時間の関係から可能な限り除去したい．案内板の求心精度は 2 μm 以下である[5]．

このため図 14.13 に示すように，被測定物の内径寸法に対して直径で 20〜70 μm の隙間を設けた円筒形状ガイドにより求心作業を無調整で測定可能とした内径測定器で，インジケーティングプラグゲージと呼ばれるものが次第に使用されつつある．繰返し測定精度 1.0 μm 以下が得られる．

二点式の欠点は図 14.14 に示す等径歪円の誤差が検出できないことである．

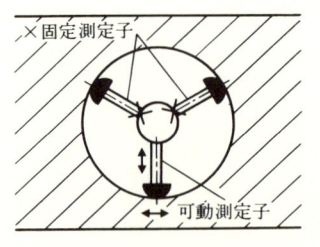

図 14.15　可動測定子 1 個

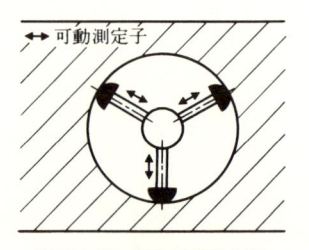

図 14.16　可動測定子 3 個

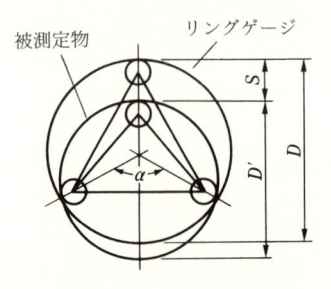

図 14.17　S と δ との関係

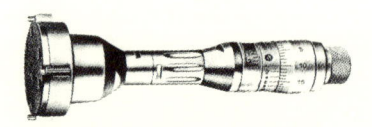

図 14.18　三点可動式測定器[4]

14.4.2　三 点 式

　三点式は図 14.15 に示すように，可動測定子 1 個と固定測定子 2 個で構成されたものと，図 14.16 に示す可動測定子 3 個で構成されたものがある．
　可動測定子 1 個の場合は基準リングゲージにより基準値を設定して，被測定物の内径を測定する．
　この場合，図 14.17 のように基準リングゲージの内径 D と被測定物の内径 D' との差を δ とし，このときの可動子の変位を S とすると，δ は

$$\delta \fallingdotseq S \cdot \frac{2\cos(\alpha/2)}{1+\cos(\alpha/2)} \tag{14.3}$$

で表される．
　α は一般に 120° であるから $\delta \fallingdotseq 0.6S$ となり，この値は無視できない誤差となる．
　従来，三点式は図 14.15 に示す可動子 1 個の構造がほとんどであった．これ

は図 14.16 に示す三点可動式は部品に高い工作精度が要求される関係で製品化が困難であったことによるが，精密加工の進歩に伴い図 14.18 に示すような三点可動式測定器が市販されている．

14.5 円筒形状（ピンゲージ）式

円筒形状式は図 14.19 に示すようなピンゲージと呼ばれているもので，穴に直接挿入して内径を求める方法である．

1本のピンゲージを使用して，穴との隙間から官能的に内径を求める方法が従来採用されていたが，個人差が大きくまた熟練を必要とするためあまり採用

図 14.19 ピンゲージ

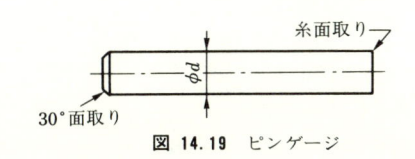

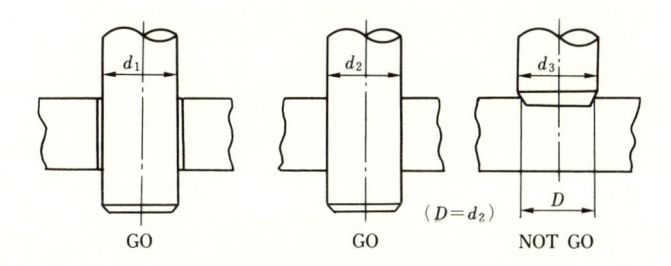

図 14.20 選択ピンゲージ方式

表 14.4 ピンゲージセット（単位 mm）[6]

基本寸法	セットの内容（0.001 mm とび）			
0.300	0.297〜0.299	0.300	0.301〜 0.310	
0.400	0.397〜0.399	0.400	0.401〜 0.410	
↓	↓	↓	↓	↓
5.000	4.997〜4.999	5.000	5.001〜 5.010	
5.100	5.097〜5.099	5.100	5.101〜 5.110	
↓	↓	↓	↓	↓
9.900	9.897〜9.899	9.900	9.901〜 9.910	
10.000	9.997〜9.999	10.000	10.001〜10.010	

（注）基本寸法 0.1 mm とび

されていない．

精密加工，精密測定機器の進歩により高精度でかつ安価なピンゲージの製品化が可能となり，以下に述べる方法が広く採用されている．

図 14.20 に例示するように，被測定物に順次直径 $d_1 \sim d_n$ のピンゲージを挿入して，たとえば挿入不可能なゲージ直径 d_3 の前段階のゲージ直径 d_2 を内径 D とする方法で，これを選択ピンゲージ方式と呼んでいる．

この方式の精度は d_1, d_2, …の直径差に左右されるが，表 14.4 に示す 1 μm とびのセットを使用したとき，± 2 μm 程度の測定精度が得られる．

ピンゲージ方式とシリンダゲージ方式との測定精度の比較例を表 14.5 に示す．ピンゲージの測定精度が高いことが明らかである．

表 14.5 ピンゲージ方式とシリンダゲージ方式との測定精度の比較

シリンダゲージ[5]		ピンゲージ[7]	
隣接誤差精度	$e_1 = 2$ μm	器差	$e_1' = 1$ μm
案内板による誤差	$e_2 = 1$ μm	感触の誤差	$e_2' = 2$ μm[6]
繰返し精密度	$e_3 = 2$ μm		
ダイヤルゲージ（目盛 1 μm）[5]			
指示誤差	$e_4 = 2.5$ μm		
繰返し精密度	$e_5 = 0.5$ μm		
内径基準器の精度	$e_6 = 0.5$ μm		
基準値設定の精度	$e_7 = 0.5$ μm		
総合精度	$E_1 = 4.0$ μm		$E_2 = 2.2$ μm

注）　$E_1 = \sqrt{e_1^2 + e_2^2 + \cdots + e_7^2}$，$E_2 = \sqrt{e_1'^2 + e_2'^2}$
　　　指示誤差は 1/2 回転を適用

14.6　内径測定の基準

現場用内径基準の代表的なものは図 14.21 に示すリングゲージであるが，この内径寸法は精密内径測定機により器差を求めなければならない．

内径測定は比較測定が主体である．ゆえにその測定精度は内径基準の精度に左右される．

そのため精密内径測定は，より高精度な基準が要求されるが，一般に図 14.22，14.23 に示す基準が採用されている．

図 14.21 リングゲージ[1]

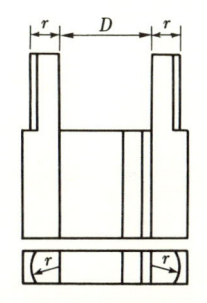

図 14.22 内径基準（その1）

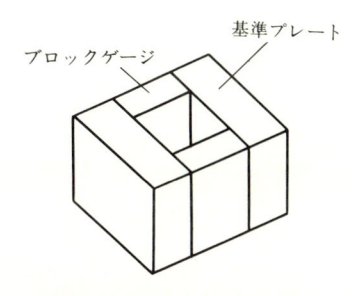

図 14.23 内径基準（その2）

図 14.23 の内径基準は一寸法の基準しか得られないが，図 14.24 は基準プレートにブロックゲージを密着させると，求める基準寸法 D を設定することができる．

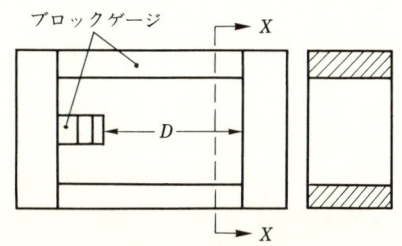

図 14.24 内径基準（その3）

しかしこれらは平行平面基準であり，円筒状の内径の測定においては形状の相違による誤差はまぬかれない．

[演習問題]

14.1 内径測定の原則を述べよ．
14.2 表 14.5 の注）$E_1 = \sqrt{e_1^2 + e_2^2 + \cdots + e_n^2}$ を証明せよ．

15

機械加工中の精密測定

15.1 はじめに

　現在，機械加工は高精度，高能率かつ自動化が可能であることが必要条件として要求されているが，これに対応するためには加工中の動的測定方式を確立しなければならない．
　加工工程と測定との関係を図15.1に示す．

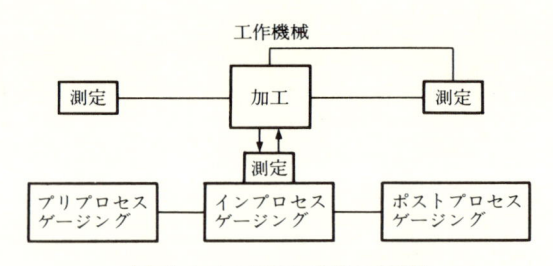

図 15.1 加工工程と測定との関係

15.1.1 プリプロセスゲージング（pre-process gauging）

　プリプロセスゲージングは加工の前工程において測定するシステムであり，次に述べる目的に採用されている．
① 工作物の形状を測定して，その種類を判別して，工作機械のNC装置に情報を送り，定められた加工条件を整える．
② 工作物が異物ではないか否か判別を行い，異物であればこれを除去する指令を出す．
③ 工作物が正確に固定されているか否か確認する．

15.1.2 インプロセスゲージング (in-process gauging)

加工中の工作物の寸法，形状精度，表面粗さなどあらかじめ設定された目標値に達したときに，荒加工，仕上加工，スパークアウトなど加工条件の制御を行う．

15.1.3 ポストプロセスゲージング (post-process gauging)

加工終了後の工作物を測定し，OK，NGの判定を行うことをはじめとして，求められた情報量を解析して，工程能力評価，管理図などの品質管理の資料を作成しまたは自動選別機につないで，寸法，重量などを定められたランクに分類するとともに，情報を工作機械にフィードバックさせる．

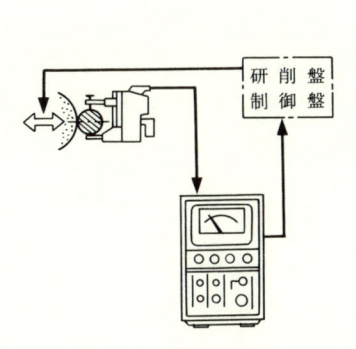

15.2 インプロセスゲージングの概要

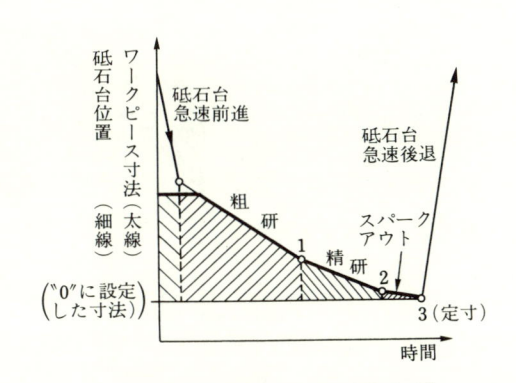

15.2.1 インプロセスゲージングの原理

研削加工におけるインプロセスゲージング・システムの一例を図15.2に示す．
インプロセスゲージにより加工中の工作物の寸法を測定し，この情報を指示制御部から工作機械へ送る．研削盤の研削作業を例にとれば，この情報により図15.3に示すように，切込量の制御すなわち荒研削，仕上研削，スパークアウ

図 15.2 インプロセスゲージング[1]　　　図 15.3 研削加工工程の制御方式[1]

トの工程を経て，目標値に達した後，砥石台を急速に後退させ加工工程を終了させる．

15.2.2 外径測定用インプロセスゲージ

測定ヘッドは大別して次の二方式に分けられる．
① フォーク方式
② フック方式

フォーク方式は図 15.4 に示したもので，油圧により測定ヘッドを工作物の中心位置に移動させた後，フィンガを接触させる．
フィンガには差動トランス式センサがつけてあり，微小変位を拡大させる構造である．

工作物の形状により，種々のフィンガが供給されている．

フック方式は図 15.5 に示すように手動によりフックを回転させて工作物に引っ掛け，直径を測定する方式である．検出器は差動トランス，機械的拡大方式のインジケータに電気接点のついた指示器などが採用されている．

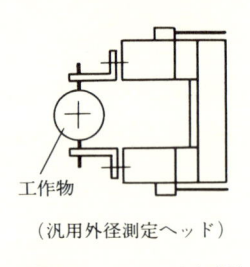

図 15.4 フォーク方式[1]　　　**図 15.5 フック方式**[1]

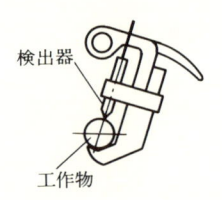

15.2.3 内径測定用インプロセスゲージ

内径測定用のゲージは，次のように分けられる．
① プラグゲージ方式
　　ゲージ形
　　空気マイクロメータ形
② フォーク方式

ゲージ形は図 15.6 に示すように内面研削盤のゲージマチック方式と呼ばれて

15.2 インプロセスゲージングの概要

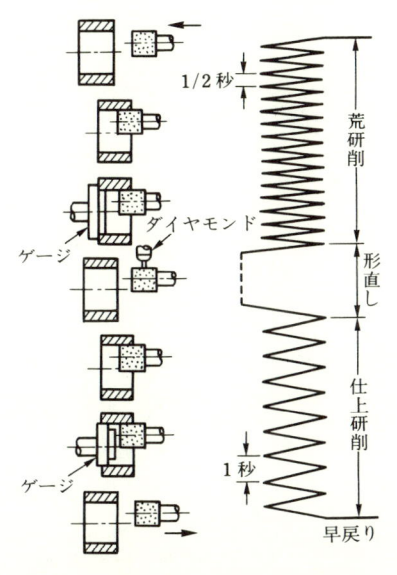

図 15.6 プラグゲージ形[2]

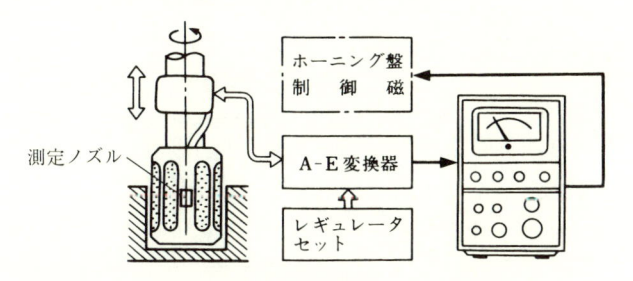

図 15.7 空気マイクロメータ形[1]

いるもので，荒研削寸法のゲージが工作物に入ると砥石が後退し，ドレッシングを行い仕上研削に入り，仕上用ゲージが工作物に入ると研削作業が終了する．

空気マイクロメータ形は内面加工のツーリングに測定ノズルを取り付けたもので，空気圧の変動を A-E 変換器により電気信号に変換する例を図 15.7 に示す．フォーク方式は外径用と同じ構造であり，図 15.8，15.9 に示すように砥石と同一方向と反対方向の方式がある．

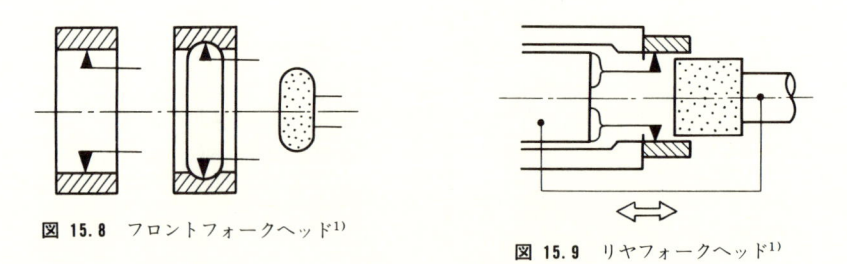

図 15.8　フロントフォークヘッド[1]

図 15.9　リヤフォークヘッド[1]

15.3　インアンドポストプロセスゲージング・システム

このシステムは図 15.10 に示す．加工による温度の上昇，工具の摩耗，測定器のゼロドリフトなどにより，インプロセスゲージにより加工された工作物寸

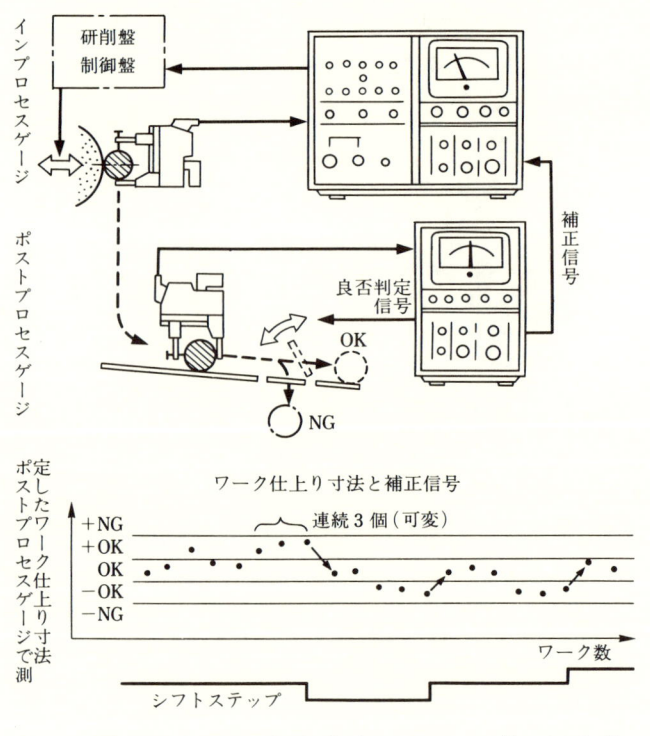

図 15.10　インアンドポストプロセスゲージング・システム[1]

法は次第に設定値からずれていく可能性があり，このためポストプロセスゲージにより再測定して，仕上り寸法を制御するシステムである．

この測定値が定められた管理基準内（図において，+OK，-OK の範囲）を連続して分布するように，インプロセスゲージの設定値を補正させるシステムであり，これにより加工寸法が管理限界値内（図において，OK の範囲）に分布するようにコントロールされる．

15.4 アダプティブコントロール・システム

軸と穴との高精度のはめあいを要求される場合に，一般に自動寸法選別法によりランク分けして，選択嵌合を行う方法が採用されている．

アダプティブコントロール・システム（adaptive control system）も高精度を要求される加工方法であり，図 15.11 に示してある．

すでに加工されている工作物の内径を測定し，この情報を制御装置にフィードバックさせ，外径の加工目標値を設定し，インプロセスゲージングにより加工する方法である．

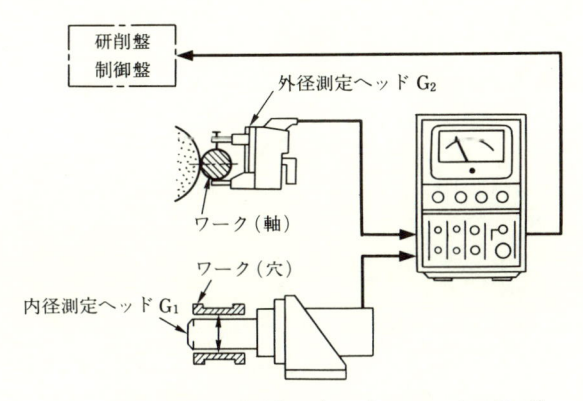

図 15.11 アダプティブコントロール・システム[1]

[演習問題]

15.1 インプロセスゲージングとは何か．

16

表面粗さ

16.1 はじめに

機械加工において表面粗さ，表面うねりの生成は避けることはできない．

しかしミクロ的表面性状は，機械の機能を十分に発揮するためには，きびしく要求されるものである．

ここでは，断面曲線，粗さ曲線，うねり曲線などの輪郭曲線のなかで最も重要な粗さ曲線と粗さパラメータの定義およびその測定法について解説する[1]．

16.2 粗さ曲線の定義

16.2.1 輪郭曲線のデータ処理の流れ

図 16.12 に例示する触針式表面粗さ測定機により測定対象の表面を測定した結果を模型的に図 16.1 に示す．図において触針先端中心の軌跡を測定曲線と呼ぶ．

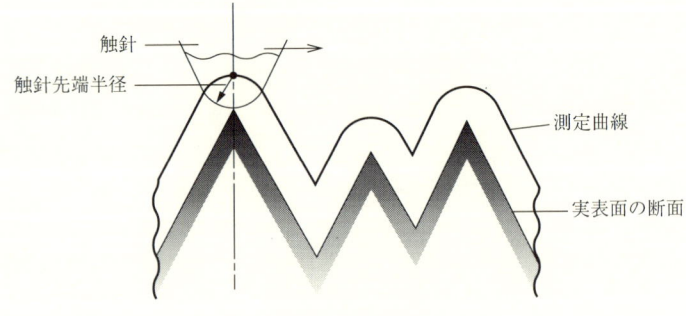

図 16.1 測定曲線

16.2 粗さ曲線の定義

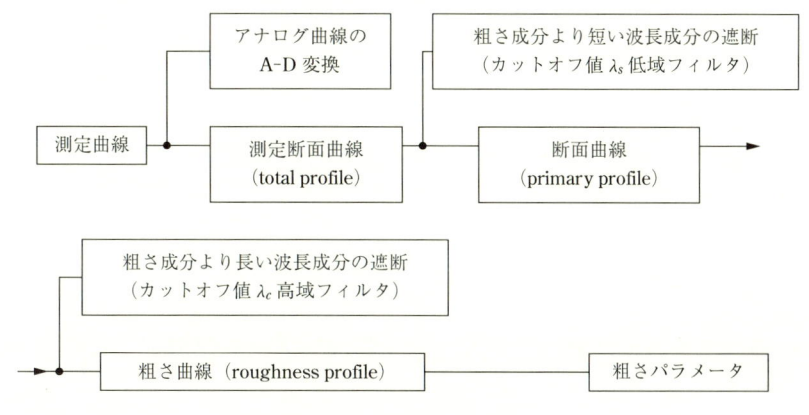

図16.2 データ処理の流れ

粗さ曲線，粗さパラメータは，図16.2に示すデータ処理により誘導される．

カットオフ値とは，位相補償ろ波器（フィルタ）によって振幅の50％が伝達される正弦波曲線の波長であり，粗さ曲線とは，断面曲線から所定の波長より長いうねり成分を高域フィルタにより除去した曲線である．

図16.3にカットオフ値 $\lambda_c=0.8\,\mathrm{mm}$ の高域フィルタの振幅伝達特性を示す．

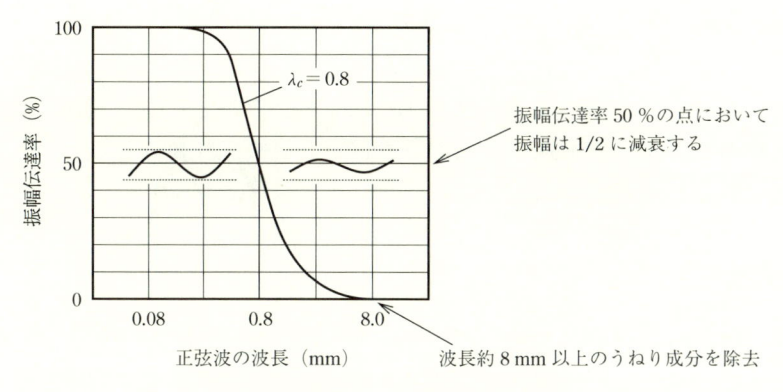

図16.3 高域フィルタの振幅伝達特性[1]

図 16.4 に断面曲線，ろ波うねり曲線，カットオフ値 0.8 mm の粗さ曲線の一例を示す．

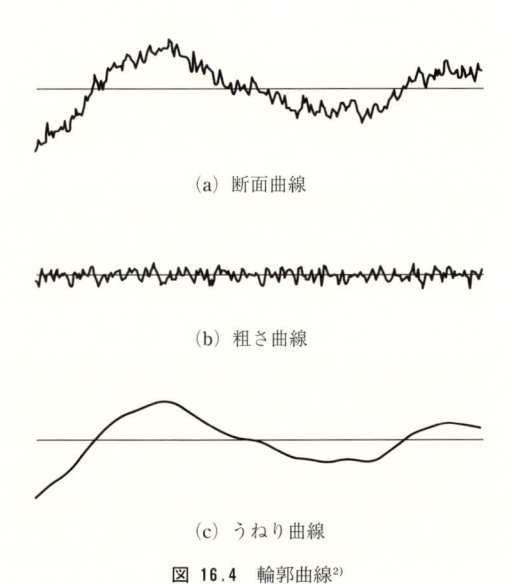

(a) 断面曲線

(b) 粗さ曲線

(c) うねり曲線

図 16.4 輪郭曲線[2]

16.3 粗さ曲線のパラメータ[1]

粗さ曲線パラメータは，測定対象面に対して縦方向，横方向，縦横（複合）方向があり，広く採用されている代表的パラメータを表 16.1 に示す．

粗さ曲線を評価するときは，測定目的によって最適なパラメータを選び，解析しなければならない．

ここでは，輪郭曲線のなかで，代表的な粗さ曲線のパラメータについて解説する．

16.3 粗さ曲線のパラメータ

表 16.1 粗さ曲線のパラメータ

縦方向パラメータ	最大高さ，算術平均高さ 二乗平均平方根高さ，十点平均粗さ
横方向パラメータ	粗さ曲線要素の平均長さ，山頂の平均間隔[*1]
縦，横方向（複合）パラメータ	粗さ曲線の負荷長さ率 粗さ曲線の負荷曲線（アボットの負荷曲線）

[*1] 旧JIS

　図16.5〜16.7に示す基準長さとは，粗さ曲線からカットオフ値の長さを抜き取った部分の長さである．

　評価長さは，粗さ曲線のバラツキが大きいときに平均的な値を求める方法で基準長さを1つ以上含む長さで，標準値は基準長さの5倍とする．

　代表的パラメータのカットオフ値，基準長さ，評価長さを表16.2に示す．

表 16.2 カットオフ値，基準長さ，評価長さ

R_z の範囲 (μm)		R_a の範囲 (μm)		基準長さ （カットオフ値） l (mm)	評価長さ l_n (mm)
を超え	以下	を超え	以下		
(0.025)	0.10	(0.006)	0.02	0.08	0.4
0.10	0.50	0.02	0.1	0.25	1.25
0.50	10.0	0.1	2.0	0.8	4
10.0	50.0	2.0	10.0	2.5	12.5

16.3.1 縦方向のパラメータ

（1）粗さ曲線の最大高さ（R_z）

　最大高さ粗さは，表16.2に示す基準長さ l において図16.5に示す粗さ曲線の山の高さの最大値 R_p と谷の深さの最大値 R_v の和である．

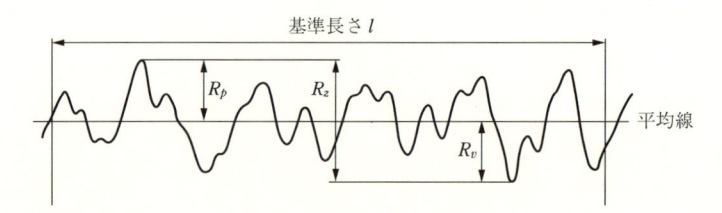

図 16.5 粗さ曲線の最大高さ

$$R_z = R_p + R_v \tag{16.1}$$

（2）粗さ曲線の算術平均高さ（R_a）

算術平均高さは，図 16.6 に示す基準長さ l における粗さ曲線を $y=f\{Z(x)\}$ と表して，y の絶対値の平均値 R_a を式（16.2）で求める．

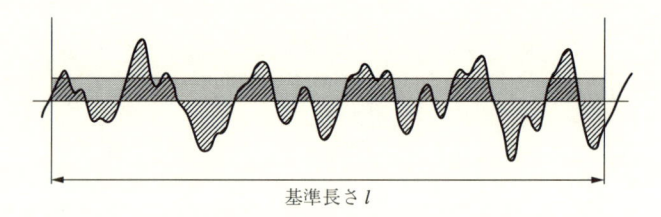

図 16.6 粗さ曲線の算術平均高さ

$$R_a = \frac{1}{l}\int_0^l |Z(x)|\,dx \tag{16.2}$$

（3）粗さ曲線の二乗平均平方根高さ（R_q）

（2）と同じように基準長さ l における $Z(x)$ の二乗平均平方根で式（16.3）で求める．

$$R_q = \sqrt{\frac{1}{l}\int_0^l Z^2(x)\,dx} \tag{16.3}$$

16.3.2 横方向のパラメータ

（1） 粗さ曲線要素の平均長さ（Rs_m）

図16.7に示す基準長さにおける粗さ曲線要素の長さ Xs の平均で式(16.4)で求められる．

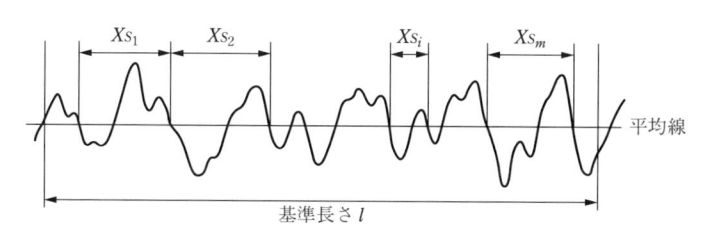

図 16.7 粗さ曲線要素の長さ

$$Rs_m = \frac{1}{m}\sum_{i=1}^{m} Xs_i \tag{16.4}$$

ただし，m は基準長さ内での粗さ曲線の凹凸の間隔の数．

図16.8に示す山および谷と判断する条件として指示のない限り，粗さ曲線の山頂と谷底の高さ（Ys）の最小高さの識別は，最大高さ（Rz）の10％，粗さ曲線要素の長さ（Xs）の最小長さの識別は，基準長さ l の1％を満足すること．

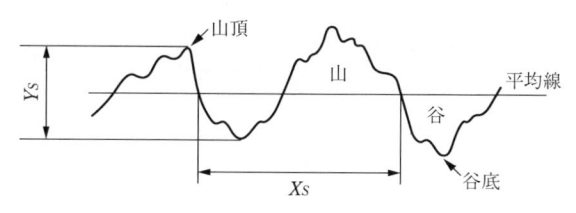

図 16.8 山，谷の識別条件

16.3.3 複合パラメータ

（1） 粗さ曲線の負荷長さ率 $Rmr(c)$

図 16.9 に示す評価長さ l_n に対する切断レベル c における粗さ曲線の負荷長さ $Ml(c)$ との比で式 (16.5) で求められる．

負荷長さおよび切断レベルとは，図において平均線に平行な高さ（切断レベルと呼ぶ）c の直線によって切断された粗さ曲線の山の部分（図 16.1 参照）の長さの和である．

$$Rmr(c) = Ml(c)/l_n \qquad (16.5)$$

$$Ml(c) = \sum_{i=1}^{n} Ml_i$$

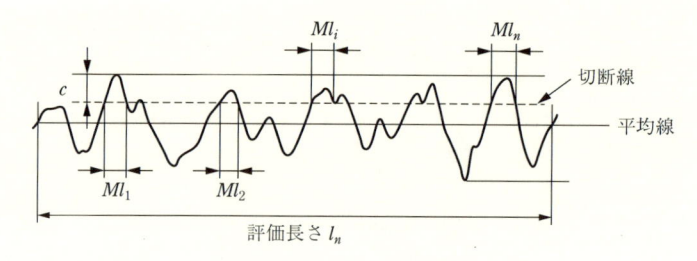

図 16.9 粗さ曲線の負荷長さ率

（2） 粗さ曲線の負荷曲線（アボットの負荷曲線）（Abott Firestone curve）

粗さ曲線の負荷長さ率 $Rmr(c)$ を横軸にとり，縦軸にその点の切断レベル c をとると，図 16.10 に示すような分布曲線が得られる．

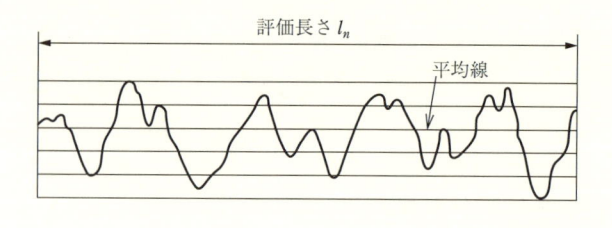

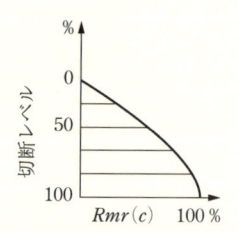

図 16.10 粗さ曲線の負荷曲線

この曲線は，摩耗により表面の突起が次第に平滑化されて，接触面積が増加する状態を示すものであり，はめあい部のなじみ性，耐摩耗性を解析する重要なパラメータである．

16.4 表面粗さの測定法

表面粗さの測定方法を大別すると次の方法が上げられる．
① 目視判別法
② 接触式測定法
③ 非接触式測定法

16.4.1 目視判別法

比較用表面粗さ標準片と測定対象面を目視により，指示された表面粗さの範囲内に入っているか否かを判別する方法である．表面粗さの定量的な値を求めようとすると，精度は悪くまた個人差が生じてくる．

しかし同一材質，同一加工法の条件で比較すると，正確度は高くなる．

表面粗さ標準片の一例を図16.11に示す加工法別に分類された標準片が市販されている．

これら標準片の表面粗さの表示値の許容値は，次のようである．

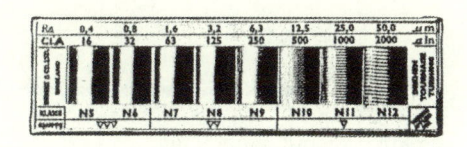

$$上限値＝表示値 \times 1.12, \quad 下限値＝表示値 \times 0.83$$

図 16.11 表面粗さ標準片[3]

16.4.2 接触式表面粗さ測定機

表面粗さ測定機は，一般に図 16.12 に示すように，プローブは高精度な案内面（真直度 1 μm/100 mm 以下）により，矢印方向に真直に移動する．

プローブの先端部の図 16.13 に示す触針（stylus）（材質ダイヤモンド，先端半径 2 μm以下，測定力 5 mN 以下）を測定対象面に接触させ，プローブの移動にともない測定面の凹凸による触針の上下運動を差動変圧器，増幅器により拡大し，測定曲線を求める．

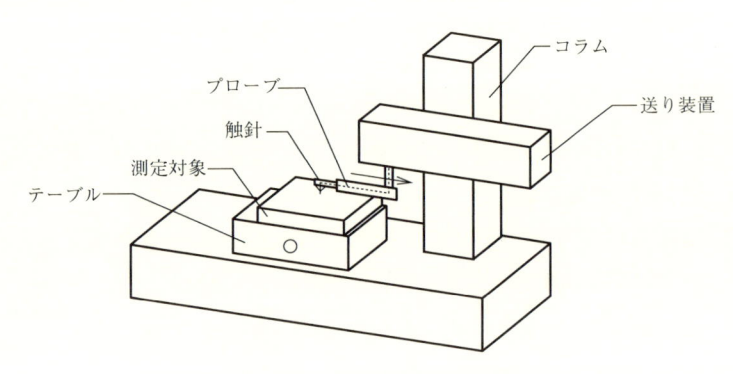

図 16.12 表面粗さ測定機の外観[4]

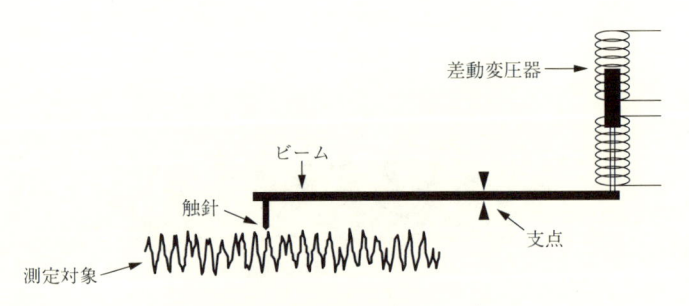

図 16.13 差動変圧器式プローブ[4]

差動変圧器を検出器として採用している表面粗さ測定機の仕様の代表例を表 16.6 に示す．

表 16.6　表面粗さ測定機の仕様例[4]

送り真直度	0.5 μm/120 mm　0.25 μm/60 mm
測定範囲/分解能	1.0 mm/16 nm，0.2 mm/3.2 nm，0.04 mm/0.64 nm（切替式）
触針先端半径	2 μm 円錐（差替式）
測定力	0.7 mN〜1 mN

16.4.3　非接触表面粗さの測定機

代表的例を図 16.14 に示す．

被測定面に微小のスポット径の光を当てその反射光により表面粗さを求める方法であり，被測定面の粗さによる反射光は光散乱現象を生じ，散乱光は一般に正規分布特性を示す．

この反射光の強度をフォトダイオード列で検出し，散乱強度の統計的特性値を解析して，算術平均粗さと相関をもつ値を表示する．

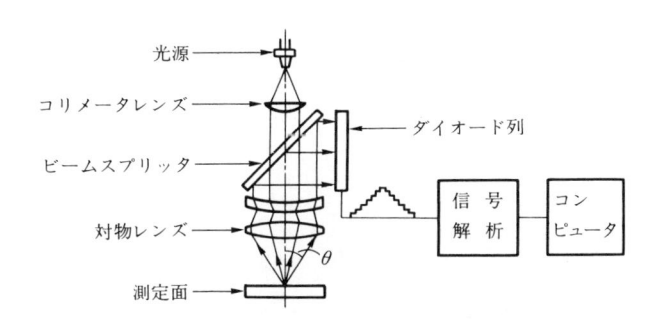

図 16.14　平均粗さを求める方式の光学系[5]

[演習問題]

16.1　測定断面曲線と断面曲線との相違を簡単に説明せよ．
16.2　粗さ曲線の最大高さ粗さの定義を述べよ．

17

ねじの測定

17.1 測定諸元

ねじの測定，検査の対象となる諸元は主として図 17.1 に示すものがあげられる．

① おねじの外径 (d_0)，谷の径 (d_i)
② めねじの谷の径 (D_0)，内径 (D_i)
③ 有効径 (effective diameter) (d_e), (D_e)

有効径とは軸の中心線に平行に，ねじ山の幅とねじの溝の幅が等しい仮想の円筒の直径をいう．

④ 山の半角 (half angle of thread) (α_1, α_2), (α_1', α_2')
⑤ ピッチ (pitch) (p), リード (lead) (l)

ねじを1回転させて，進む距離をリードという．ピッチ p とリード l との関係は，一条ねじでは $p=l$ であるが，多条ねじのときは，条数を n とすれば $l=np$ の関係となる．

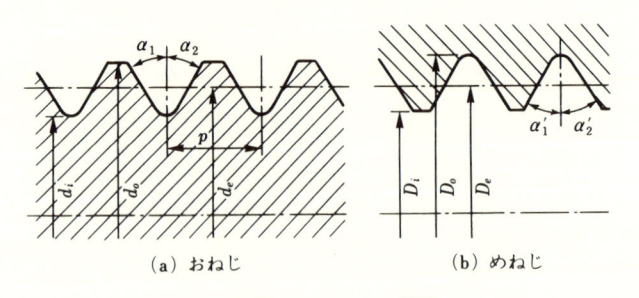

(a) おねじ (b) めねじ

図 17.1 ねじの諸元

17.2　ねじの検査と限界ゲージの精度管理

ボルト，ナットなどで代表されるねじ部品の検査は，一般にねじ用限界ねじプラグゲージ，ねじリングゲージが採用されている．これら限界ゲージおよび管用ねじゲージは，JIS B 0251〜0254，3102 に規定されている．

図 17.2　ねじ用限界ねじプラグゲージ[1]

おねじ
- 通りねじリングゲージ（GR）
  - 通りねじリングゲージ用　通り点検プラグ（GRGF）
  - 通りねじリングゲージ用　止り点検プラグ（GRNF）
  - 通りねじリングゲージ用　摩耗点検プラグ（GW）
- 止りねじリングゲージ（NR）
  - 止りねじリングゲージ用　通り点検プラグ（NRGF）
  - 止りねじリングゲージ用　止り点検プラグ（NRNF）
  - 止りねじリングゲージ用　摩耗点検プラグ（NW）

めねじ
- 通りねじプラグゲージ（GP）
- 止りねじプラグゲージ（NP）

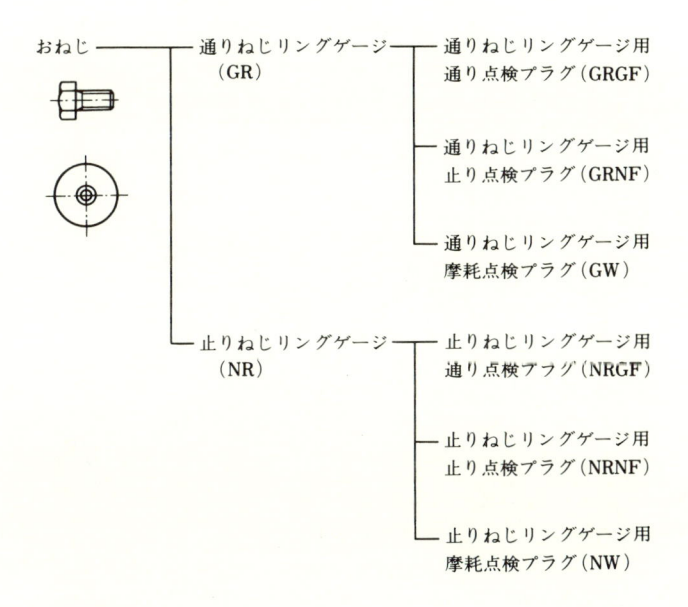

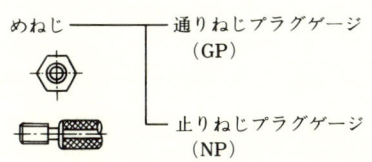

図 17.3　ねじ限界ゲージの管理システム（JIS B 0251）

17章　ねじの測定

図17.2にDINで規定されているねじ用限界ねじゲージの一例を示す．

JISに規定されたボルト，ナットなどのねじの検査と検査に使用される限界ゲージの精度管理システムを図17.3に示してある．

ねじリングゲージの高精度の測定は困難であり，点検用ねじプラグゲージにより精度管理が行われる方式となっている．ボルト，ナットなどのねじ製品の品質保証のためには，このシステムを確立する必要がある．

有効径のはめあい等級とその許容差の代表例をメートル並目ねじについて図17.4に示す．

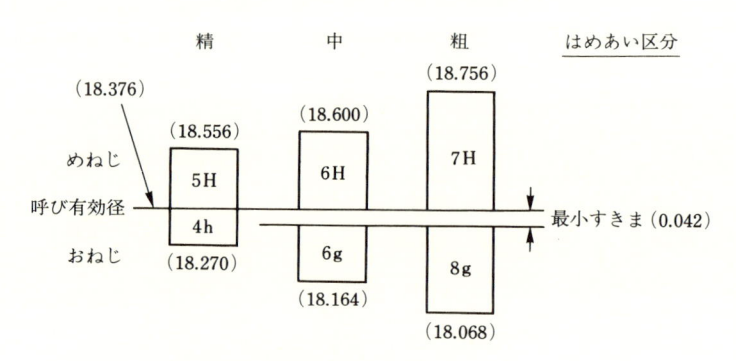

例．( )内の数値はM20×2.5の許容差を示す．

図 17.4 ねじの有効径と等級との関係（MJ～M 1.4を除く）

図17.3において検査用・点検用ねじゲージには，ねじの各等級に応じた等級記号を表示するように規定されている．

例えば表17.1に示すように各等級記号が併記される．

表 17.1　検査用限界ゲージの種類と記号

	おねじ用		めねじ用	
通り側	GR	4 hGR 6 gGR 8 gGR	GP	5 HGP 6 HGP 7 HGP
止り側	NR	4 hNR 6 gNR 8 gNR	NP	5 HNP 6 HNP 7 HNP

17.3　ねじの諸元の測定

17.3.1　有効径の測定

（1）　ねじマイクロメータによる測定

おねじの有効径測定用マイクロメータは，測定子の形状が図 17.5 に示すように，ねじのフランク面に接するように，アンビルの先端がV形，スピンドルの先端は円すい形である．容易に有効径の測定が可能であるが，ねじの半角の誤差，ピッチ誤差，測定子の形状誤差などの影響により，高精度はあまり望めない．

図において，25 mm 以上のマイクロメータの基準棒の形状を示している．

めねじの有効径測定用マイクロメータは専用の測定子の構造から小径の有効

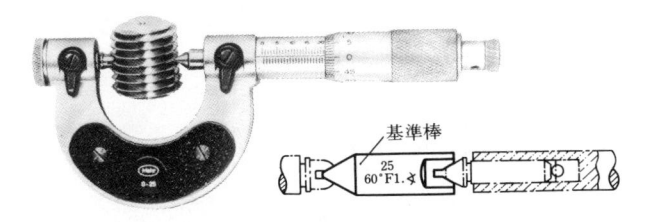

図 17.5　ねじ有効径測定用マイクロメータ[1]

図 17.6 指示式ねじゲージ[1]

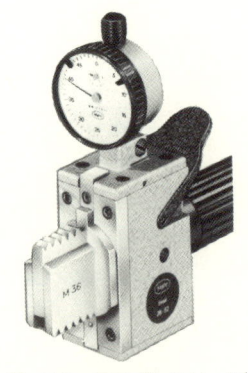

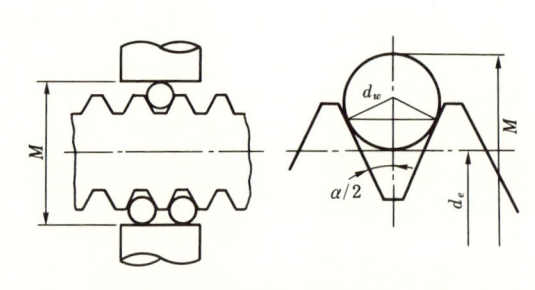

図 17.7 三針法による有効径の測定方法

径は測定不可能である．しかし図17.6に示す指示式ねじ測定器は2.5～68 mmまでの替測定ブレードが備えられている．

（2） 三針法による方法

おねじの有効径の精密測定は，一般に直径の等しい3本の針をねじのフランク面に接触させ，図17.7に示すように，外側距離 M を測長機またはマイクロメータにより測定し，式（17.1）により求める．

有効径を d_e とすると

$$d_e = M - d_w \left(1 + \frac{1}{\sin(\alpha/2)}\right) + \frac{1}{2} p \cot \frac{\alpha}{2} \qquad (17.1)$$

となる．ここで，p：ピッチ，$\alpha = \alpha_1 + \alpha_2$：ねじの山角，$d_w$：三針の平均径である．

三針法による測定法は JIS B 0261 には式(17.1)以外に，測定力，並目ねじのピッチより粗いねじの有効径の三針法による計算式および JIS B 0271 には三針の直径測定法，テーパねじゲージの検査方法は，JIS B 0262 に規定されている．

三針法で求められた有効径を単独有効径と呼んでいる．

17.3.2　ねじのピッチ，山角，三針の直径の誤差が三針法の測定精度に及ぼす影響

式（17.1）において，d_w，p，$\alpha/2$ に誤差 δd_w，δp，$\delta(\alpha/2)$ があったとき，有効径 d_e への影響を δd_e とすれば

$$\delta d_e = \pm \delta d_w \left(1 + \frac{1}{\sin(\alpha/2)}\right) \tag{17.2}$$

$$\delta d_e = \pm \frac{1}{2} \delta p \cdot \cot \frac{\alpha}{2} \tag{17.3}$$

$$\delta d_e = \pm \frac{\cos(\alpha/2)}{\sin^2(\alpha/2)} \left(d_w - \frac{p}{2\cos(\alpha/2)}\right) \delta \frac{\alpha}{2} \tag{17.4}$$

となる．

　メートル，ユニファイねじは $\alpha = 60°$ であり，この値を式 (17.2)，(17.3) に代入すると，$\delta d_e = \pm 3 \delta d_w$，$\delta d_e = \pm 0.866 \delta p$ となる．

　ゆえに三針の直径の誤差は無視できないため JIS は針径の測定精度は ± 0.1 μm を推奨している．ピッチ誤差は要求する精度により補正する事が望ましい．

　式(17.4)において $\delta d_e = 0$ とおくと，半角の誤差の影響がなくなる．

　このときの三針の直径を d_{wb} とすると

$$d_{wb} = \frac{p}{2\cos(\alpha/2)} \tag{17.5}$$

となる．この直径を最適針径と呼んでいる．

17.3.3　ピッチ誤差，半角誤差の有効径当量

　おねじとめねじとのはめあいにおいて，ピッチ誤差，半角誤差があったときのはめあいに関係する有効径への影響について解析する．

（1）ピッチ誤差の有効径当量

　おねじとめねじとのはめあいにおいて，図 17.8 に示すように，ピッチ誤差 δp があったとき，おねじまたはめねじの有効径を半径で $f_1/2$ ずらすことにより，はめあいが可能になる．ゆえに有効径の直径で表すと，f_1 は

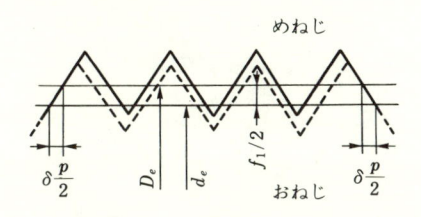

図 17.8　ピッチ誤差の有効径当量

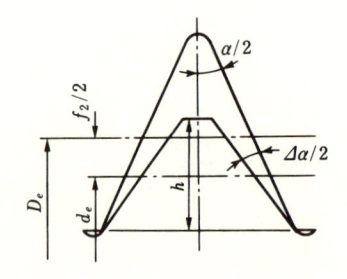

図 17.9 半角誤差の有効径当量[2)]

$$f_1 = \cot \frac{\alpha}{2} \cdot \delta p \tag{17.6}$$

となる[2)].

(2) 半角誤差の有効径当量

おねじに半角誤差 $\delta(\alpha/2)$ があったとき，図 17.9 において，おねじまたはめねじの有効径を $f_2/2$ ずらすことにより，はめあいが可能となる．ゆえに有効径の直径で表すと，f_2 は

$$f_2 = \delta \frac{\alpha}{2} \cdot \frac{2h}{\sin \alpha} \quad (\delta(\alpha/2) : \text{rad}) \tag{17.7}$$

となる[2)].

ここにおいて，h はおねじのフランクの直線部分のねじ山の高さである．

(3) 総合有効径

半角誤差，ピッチ誤差の有効径当量を考慮した有効径を総合有効径と呼んでいる．おねじの総合有効径を E_0，めねじの総合有効径を E_i とすると

$$\left. \begin{array}{l} D_e \text{を一定とすると}: E_0 = d_e - (f_1 + f_2) \\ d_e \text{を一定とすると}: E_i = D_e + (f_1 + f_2) \end{array} \right\} \tag{17.8}$$

で表される．

17.3.4 ねじの谷の径，半角，ピッチの測定

(1) 機械的測定法

おねじの谷の径は，図 17.5 に示すマイクロメータに図 17.10 に示す測定子を取り付け，めねじの谷の径は，キャリパー形内側マイクロメータに図 17.11 の測定子を取り付けて測定する．

17.3 ねじの諸元の測定

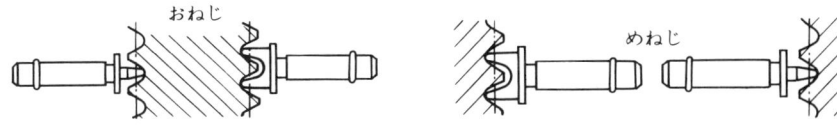

図 17.10 おねじ谷の径用測定子[1]

図 17.11 めねじ谷の径用測定子[1]

図 17.12 ピッチ測定器[1]

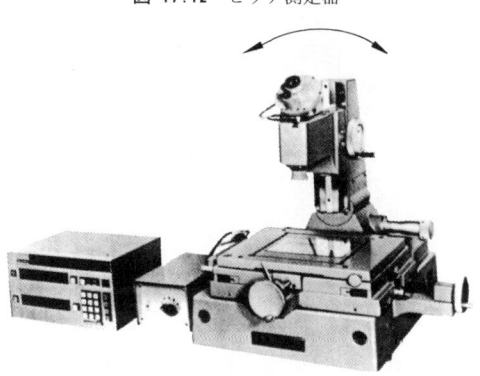

図 17.13 測定顕微鏡[3]

現場用ピッチ測定器の代表例を図 17.12 に示す．
この測定機はマスタにより基準値を設定する比較測定法である．

（2） 光学的測定法

ねじの輪郭の測定は，図 17.13 に示すような測定顕微鏡により行う．測定顕微鏡によりピッチ測定するときは，鏡筒をリード角方向に傾け，ねじの両フランクが鮮鋭な像を結ぶように調節する．

リード角を β とすれば，$\tan\beta = p/\pi d_e$ により求められる．

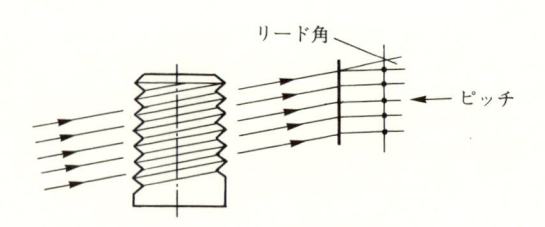

図 17.14 リード角傾けた測定原理

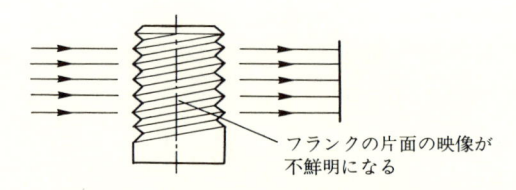

図 17.15 リード角傾けない時の測定原理

　山の半角は，図 17.15 に示すように鏡筒を傾けない時は外径を基準として両フランクの角度を測定する．鏡筒を傾けた時は，軸断面の半角 $\alpha/2$ は式(17.9)により換算する．

$$\tan\frac{\alpha}{2} = \frac{\tan(\alpha_m/2)}{\cos\beta} \tag{17.9}$$

ただし $\alpha_m/2$ は山の半角の測定値である．

　その他詳細な測定方法は，JIS B 0261 平行ねじゲージの検査方法，またテーパねじゲージの検査方法は JIS B 0262 を参考にされたい．

　[例 17.1] メートル並目ねじ M 10×1.5 の有効径は 9.026 mm である．このおねじの有効径を三針法で測定したい．最適針径と外側距離の計算値 M を求めよ．

　(解) 式(17.5)より $d_{wb}=p/(2\cos\alpha/2)$ に $p=1.5$, $\alpha=60°$ を代入すれば
$$d_{wb}=1.5/(2\cos 30°)=0.8660 \text{ mm}$$

(注) JIS B 0271 ではユニファイねじ，ウイットねじとの共用を考慮して，$dw_b = 0.8949$ mm となっているためこの値を採用する．

式(17.1)より

$$M = d_e + d_w \left(1 + \frac{1}{\sin(\alpha/2)}\right) - \frac{1}{2} p \cot \frac{\alpha}{2}$$

$$= 9.026 + 0.8949 \left(1 + \frac{1}{\sin 30°}\right) - \frac{1.5}{2} \cot 30°$$

$$= 10.4117 \text{ mm}$$

［例 17.2］ 三針法の有効径測定において，メートルねじを測定した．三針の直径の誤差が 1.8 μm あった．有効径の測定値に影響する誤差はいくらか．

(解) 式(17.2)より $\alpha = 60°$ を代入すると，$\delta d_e = 3\delta d_w$ となる．
ゆえに，$\delta d_e = 3 \times 1.8 = 5.4$ μm となる．

[演習問題]

17.1 三針法の有効径測定において，三針直径の誤差の影響度について述べよ．

17.2 最適針径の求め方を説明せよ．

17.3 単独有効径と総合有効径との相違を述べよ．

17.4 M 16，$p = 2.0$ のおねじの有効径を三針法で測定した．測定値は，16.418 mm，有効径の規格値は 14.701 mm である．このねじの有効径の誤差を求めよ．ただし三針直径は式 (17.5) で求められる最適針径を採用すること．

18

歯車の測定

18.1 はじめに

　歯車の測定目的は，大きく分けて2つある．1つは歯車が所望の寸法になっているかを確認するために測定する場合と，他の1つは諸元不明な歯車を測定して，その諸元を明らかにするいわゆる歯車の解析を行うものである．
　ここではインボリュート平歯車の寸法管理に必要な基礎的な諸元の測定について述べる．
　ピッチ誤差・歯形測定法，かみ合い試験法およびヘリカル歯車などについては，他の文献を参照されたい．

18.2 歯車の歯形曲線

　歯車の歯形はインボリュート曲線である．この曲線は基礎円に巻き付けた糸を解きほぐしていくときの糸の先端が描く曲線で，渦巻線となる．
　図18.1に示すように，この曲線のかみ合いに必要な部分が利用される．

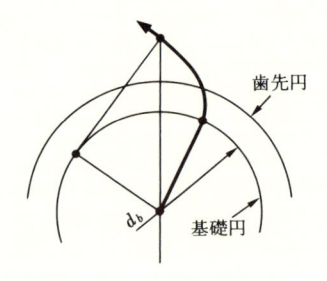

図 18.1 インボリュート歯形

インボリュート歯形は歯車の中心距離が多少変化しても正しいかみ合いが可能であり，また正確な歯形を工作しやすい長所がある．このためサイクロイド歯形はあまり使用されていない．

18.3 歯車の基礎的諸元

（1） 基準ピッチ円（standard pitch circle）

基準ピッチ円とは歯車軸の中心と同心であり，歯数 z にモジュール m を乗じた直径の円である．図18.2に示すように，この直径を d とすれば

$$d = mz \tag{18.1}$$

で表される．

（2） 基礎円（base circle）

インボリュート曲線が創成される基礎となる円を基礎円といい，図18.1に示す．

（3） 基準圧力角（standard pressure angle）

歯面のピッチ点において，歯面との接線と半径線とのなす角または相かみ合う歯車の基礎円の共通接線へ基礎円の中心から下ろした垂線と，両基礎円の中心を結んだ線とのなす角を基準圧力角といい，図18.3に示す．

基準圧力角を α，基礎円の直径を d_b とすると

$$\cos \alpha = \frac{d_b}{d} \tag{18.2}$$

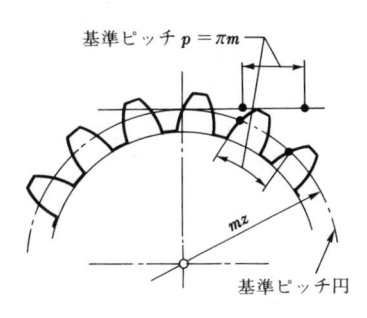

図 18.2 基準ピッチ円

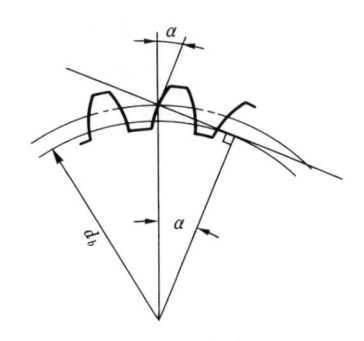

図 18.3 基準圧力角

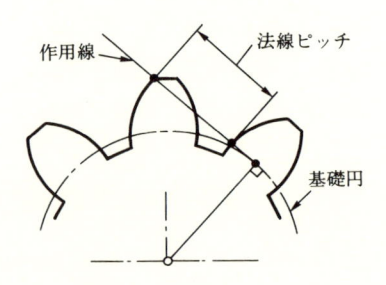

図 18.4 法線ピッチ

となる．

（4）基準円ピッチ（standard circular pitch）

基準ピッチ円上で測った隣り合う歯と歯との距離を円ピッチといい，図18.2に示す．ピッチを p とし，歯数を z とすれば

$$p = \frac{\pi d}{z} = \frac{\pi m z}{z} = \pi m \tag{18.3}$$

で表される．

（5）法線ピッチ（normal pitch）

作用線と歯面との交点において，作用線に対して垂線を引いたときの相隣る歯間の距離で，図18.4に示す．法線ピッチを p_b とすれば

$$p_b = \pi m \cos \alpha \tag{18.4}$$

となる．

（6）モジュール（module）

歯形の大きさを表すもので，モジュールを m とすれば

$$m = \frac{d}{z} \tag{18.5}$$

となる．m は mm 単位である．

（注）ダイヤメトラル ピッチ P は，歯数をインチ単位で表した基準ピッチ円直径で割った値であり，モジュールとの関係は

$$P = \frac{25.4}{m} \tag{18.6}$$

となる．

18.3 歯車の基礎的諸元

（7） 転位係数 x

　歯数の少ない歯車を歯切りすると，図 18.5 に示すように歯元が削り取られる．これをアンダーカットと呼び，歯元の強度・有効歯面の長さ・かみ合い長さに影響する*．

　このため図 18.6 に示すように，工具を xm ずらして歯切りを行いアンダーカットの発生を防止する方法が採用されている．

　x を転位係数，xm を転位量といい，転位して製作された歯車を転位歯車と呼んでいる．

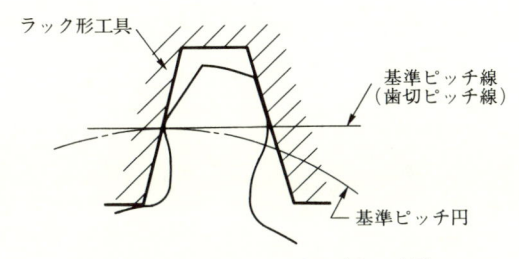

図 18.5　アンダーカットの生じた歯形

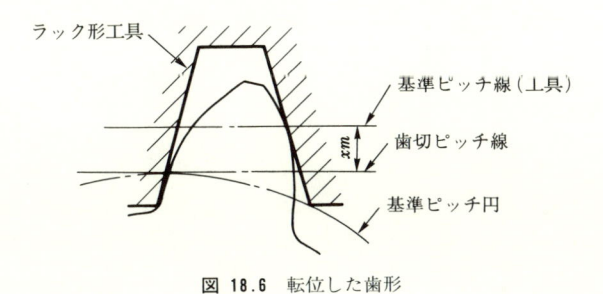

図 18.6　転位した歯形

---

* 圧力角 $\alpha=20$ 歯数 $Z=14$ 以上の歯車については，実用上転位の必要は無いといわれている．

18.4 歯車の計算に必要な基本諸元

（1） インボリュート関数

インボリュート曲線 P_1P_2 上の点 P' における圧力角を α とすれば，図 18.7 において

$$\overline{P'B'}=\widehat{P_1B'}=(\theta+\alpha)\frac{d_b}{2}=\tan\alpha\cdot\frac{d_b}{2}$$

$$\therefore\ \theta=\tan\alpha-\alpha=\mathrm{inv}\,\alpha \tag{18.7}$$

で表される．

θ が α の関数で表され，これをインボリュート関数と呼んでいる．

インボリュート関数表の特に計算に利用される範囲を p.209 の付表に示す．

（2） 歯ずき角

図 18.8 に示すように，モジュール m，圧力角 α，歯数 z，転位係数 x の歯車において，歯ずき角 χ は

$$\chi=\frac{\pi}{z}-2\,\mathrm{inv}\,\alpha-\frac{4\tan\alpha}{z}x \tag{18.8}$$

となる．

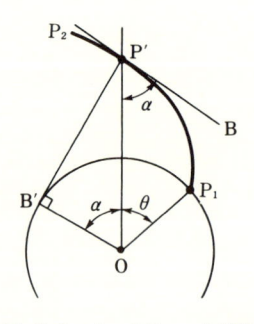

図 18.7　インボリュート関数

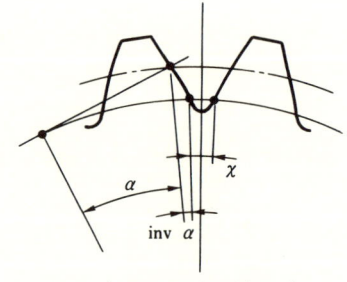

図 18.8　歯ずき角 χ
（$x=0$ のときの説明図）

18.5 歯厚の測定

18.5.1 弦歯厚の測定

弦歯厚は一般に図 18.9 に示すように，歯車用ノギス (geartooth vernier) により測定する．図 18.10 において，歯先よりピッチ円円周上の A 点までの距離（キャリパ歯たけと呼ぶ）$\bar{h}$ における弦歯厚を測定し，式 (18.10) で求めた理論値と比較する．

キャリパ歯たけ $\bar{h}$，弦歯厚 $\bar{s}$ とし，モジュール m，基準圧力角 α，転位係数 x，歯先円直径 d_a とすれば，平歯車の $\bar{h}$ と $\bar{s}$ は式(18.9)，(18.10)で表される．

$$\bar{h} = \frac{mz}{2}\left\{1 - \cos\left(\frac{\pi}{2z} + \frac{2x\tan\alpha}{z}\right)\right\} + \frac{da - d}{2} \tag{18.9}$$

$$\bar{s} = mz \sin\left(\frac{\pi}{2z} + \frac{2x\tan\alpha}{z}\right) \tag{18.10}$$

歯先円直径を $d_a = (z + 2 + 2x)m$ とする場合には

$$\bar{h} = \frac{mz}{2}\left\{1 - \cos\left(\frac{\pi}{2z} + \frac{2x\tan\alpha}{z}\right)\right\} + (1 + x)m \tag{18.11}$$

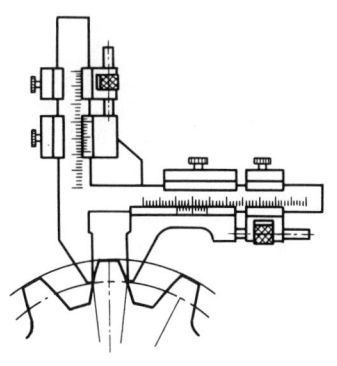

図 18.9 歯車用ノギス

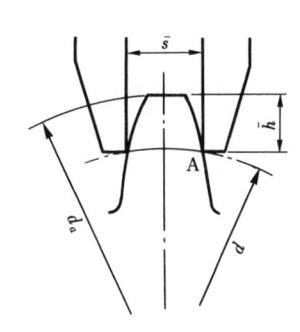

図 18.10 弦歯厚

18.5.2 またぎ歯厚の測定

この測定法は標準マイクロメータと比較して，表面積の広い平行平面の測定面の歯厚マイクロメータにより，図 18.11 に示すように n 枚の歯を挟んで W を測定して，式 (18.12) で求めた計算値と比較する．

またぎ歯数 n は式 (18.13) により求めるか，JIS B 1752 の参考表から求める．

$$W = m \cos \alpha \cdot \{\pi(n-0.5) + z \, \text{inv} \, \alpha\} + 2 \, xm \sin \alpha \tag{18.12}$$

$$n = \frac{z}{\pi}(\tan \alpha - \text{inv} \, \alpha) + 0.5 - \frac{2 \, x}{\pi} \tan \alpha \tag{18.13}$$

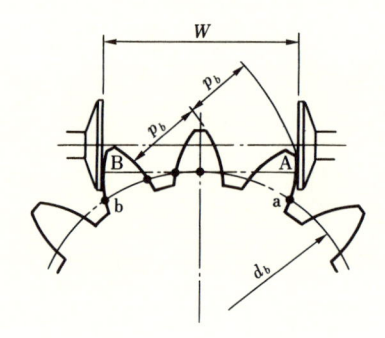

図 18.11 またぎ歯厚

18.5.3 オーバピン法の測定

この測定法は，ピンを偶数歯の場合は直径上の相対する歯みぞに，奇数歯は π/z だけ偏った歯みぞに挿入して，図 18.12, 18.13 に示すように，外歯車ではピンの外側寸法，内歯車はピンの内側寸法 d_m を測定して，歯厚を求める．ピンの直径を d_p とすると，外歯車のオーバピン寸法 d_m は

偶数歯の場合

$$d_m = \frac{zm \cos \alpha}{\cos \phi} + d_p \tag{18.14}$$

奇数歯の場合

18.5 歯厚の測定

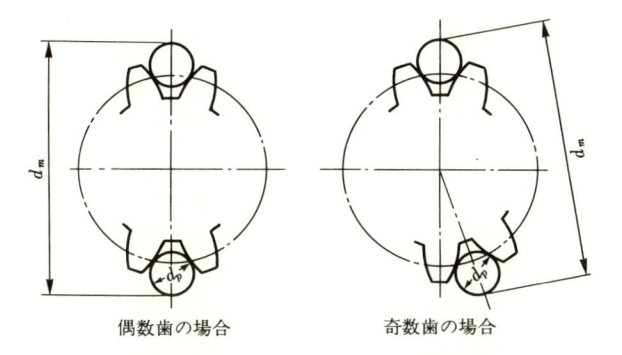

図 18.12 歯車オーバピン寸法 (JIS B 1752)

偶数歯の場合　　　奇数歯の場合

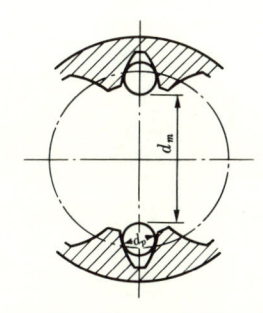

図 18.13 内歯車オーバピン寸法 (JIS B 1752)

$$d_m = \frac{zm \cos \alpha}{\cos \phi} \cos \frac{90°}{z} + d_p \tag{18.15}$$

ただし

$$\mathrm{inv}\,\phi = \frac{d_p}{zm \cos \alpha} - \left(\frac{\pi}{2z} - \mathrm{inv}\,\alpha\right) + \frac{2\,x\,\tan \alpha}{z}$$

である．

内歯車においては

偶数歯の場合

$$d_m = \frac{zm \cos \alpha}{\cos \phi} - d_p \tag{18.16}$$

奇数歯の場合

$$d_m = \frac{zm \cos \alpha}{\cos \phi} \cos \frac{90°}{z} - d_p \qquad (18.17)$$

ただし

$$\text{inv } \phi = \left(\frac{\pi}{2z} + \text{inv } \alpha\right) + \frac{2x \tan \alpha}{z} - \frac{d_p}{zm \cos \alpha}$$

である.

ピンの直径 d_p は，測定歯車のピッチ円付近に接するように求める.

外歯車用ピン径は，式(18.18)により求められる．また式(18.18)により，$m=1$ の条件のピン径 d_p を求める線図を図 18.15 に示す.

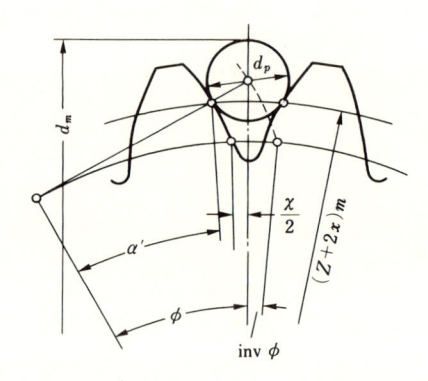

図 18.14 外歯車用ピン径を求める説明図

$$d_p = (\text{inv } \phi + \chi/2) \ mz \cos \alpha \qquad (18.18)$$

ただし
$$\phi = \tan \alpha' + \chi/2$$

$$\alpha' = \cos^{-1} \frac{mz \cos \alpha}{(z+2x)m} = \cos^{-1} \frac{z \cos \alpha}{z+2x}$$

内歯車用ピン径は，式 (18.19) により求められる.

$$d_p = (\pi/z - \text{inv } \phi - \chi/2) \ mz \cos \alpha \qquad (18.19)$$

ただし
$$\phi = \tan \alpha' - \pi/z + \chi/2$$

$$\alpha' = \cos^{-1} \frac{z \cos \alpha}{z+2x}$$

18.5 歯厚の測定

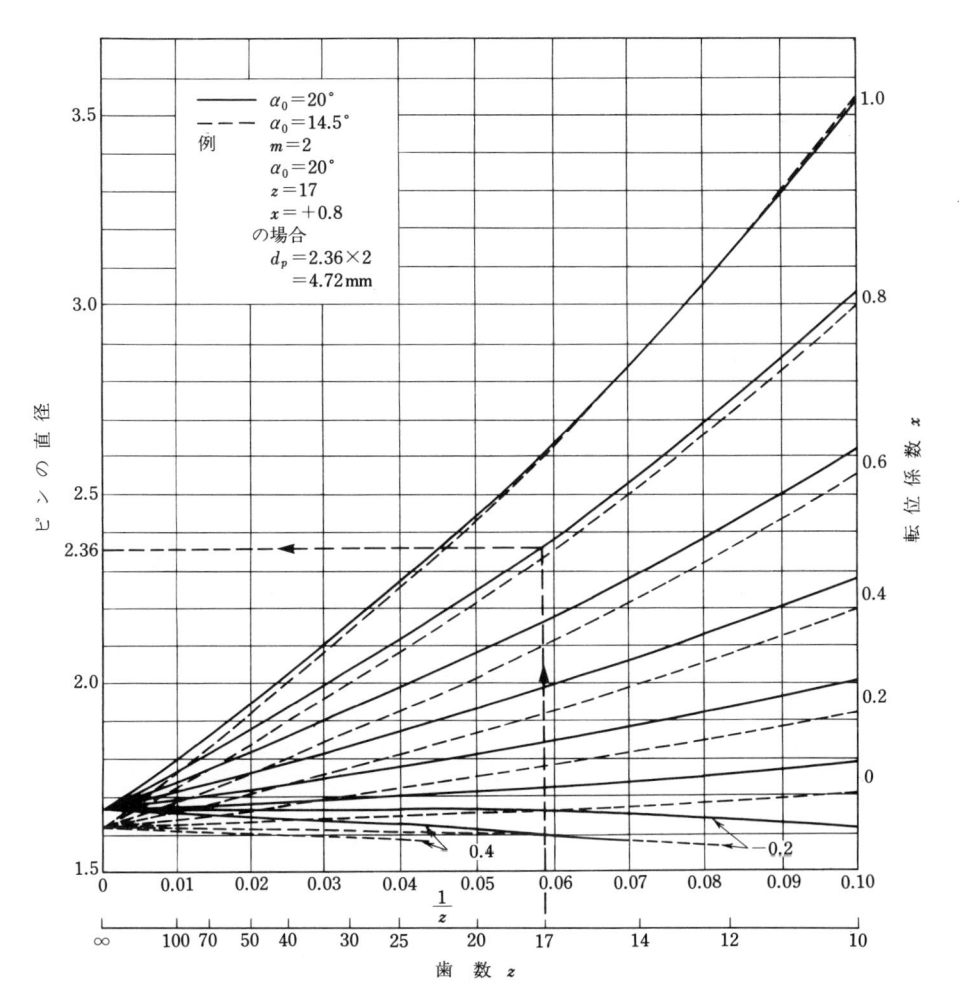

図 18.15 ピンの直径を求める線図 (JIS B 1752) (モジュール $m=1$ の場合)

凡例:
- $\alpha_0 = 20°$
- $\alpha_0 = 14.5°$

例 $m=2$, $\alpha_0=20°$, $z=17$, $x=+0.8$ の場合
$d_p = 2.36 \times 2 = 4.72$ mm

ピンの直径 d_p は線図より読み取った値にモジュール m を乗じて求める．

式 (18.18) または図 18.15, 式 (18.19) より求めたピン径または手持ちの近似の直径のピンを採用する．

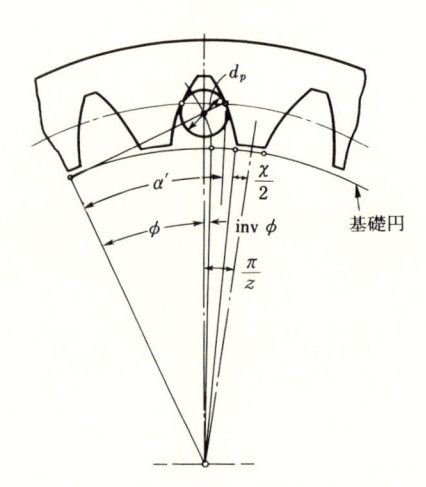

図 18.16 内歯車用ピン径を求める説明図

[**例 18.1**] モジュール $m=1.5$，歯数 $z=45$，基準圧力角 $\alpha=20°$ の標準外歯車について以下の諸元を求めよ．
 (1) 基準ピッチ円，基礎円の直径，(2) 基準円ピッチ，(3) 法線ピッチ
 (4) 歯ずき角，(5) キャリパ歯たけと弦歯厚
 (6) またぎ歯数とまたぎ歯厚，(7) ピン直径とオーバピン寸法

(**解**)
 (1) 基準ピッチ円直径 $d=mz=1.5\times 45=67.5$ mm
  基礎円直径 $d_b=mz\cos 20°=67.5\cos 20°=63.4293$ mm
 (2) 基準円ピッチ $p=\pi m=4.7124$ mm
 (3) 法線ピッチ $p_b=\pi m \cos \alpha=47.124\cos 20°=4.4282$ mm
 (4) 歯ずき角 $\chi=\pi/z-2\,\text{inv}\,\alpha=\pi/45-2\,\text{inv}\,20°=0.04$ rad $=2.29°$
 (5) キャリパ歯たけ
$$h_a=\frac{mz}{2}\left(1-\cos\frac{\pi}{2z}\right)+\frac{d_a-d_0}{2}=\frac{67.5}{2}\left(1-\cos\frac{\pi}{90}\right)+\frac{70.5-67.5}{2}=1.52\text{ mm}$$
  弦歯厚 $=mz\sin 180°/2z=1.5\cdot 45\sin 180°/(2\times 45)=2.36$ mm
 (6) またぎ歯数 $n=(\tan \alpha-\text{inv}\,\alpha)z/\pi+0.5$
  $=(\tan 20°-\text{inv}\,20°)45/\pi+0.5=5.5=6$ 枚

またぎ歯厚 $W = m \cos \alpha \{\pi(n-0.5) + z \operatorname{inv} \alpha\}$
$= 1.5 \cos 20°\{\pi(6-0.5) + 45 \operatorname{inv} 20°\} = 25.3004$ mm

（7） オーバピン寸法

$x=0$ であるから，$\alpha' = \alpha$ である．ゆえに式(18.8)および式(18.18)より
$\chi = \pi/z - 2 \operatorname{inv} \alpha = \pi/45 - 2 \operatorname{inv} 20° = 0.04000$
$\phi = \tan \alpha + \chi/2 = \tan 20° + 0.02000 = 0.38397 (\mathrm{rad}) = 22.00°$
$d_p = (\operatorname{inv} \phi + \chi/2) mz \cos \alpha = (\operatorname{inv} 22° + 0.02000) 63.4293 = 2.537$ mm

ピン直径 $d_p = 2.54$ mm を採用する．

$d_m = \dfrac{zm \cos \alpha}{\cos \phi} \cos \dfrac{90°}{z} + d_p = \dfrac{67.5 \cos 20°}{\cos 21.99°} \cos \dfrac{90°}{45} + 2.54 = 70.9042$ mm

$\operatorname{inv} \phi = \dfrac{d_p}{zm \cos \alpha} - \left(\dfrac{\pi}{2z} - \operatorname{inv} \alpha\right) = \dfrac{2.54}{67.5 \cos 20°} - \left(\dfrac{\pi}{90} - \operatorname{inv} 20°\right) = 21.99°$

［演習問題］

18.1 モジュール＝2，歯数＝65，圧力角＝20°の標準平歯車について，以下の諸元を求めよ．

a．基準ピッチ円直径，b．法線ピッチ，c．歯ずき角，d．キャリパ歯たけと弦歯厚，e．またぎ歯数とまたぎ歯厚，f．オーバピン直径とそのピン径

（注） 歯車の諸計算は，角度の単位が度か rad かを確認すること．

19

形状の測定

19.1 はじめに

　加工物の形状，姿勢，位置，振れなどが，幾何学的形状よりずれた量を幾何偏差（geometrical deviation）と呼び，真円度，円筒度，直角度，平行度，振れなど19の幾何偏差がある．幾何偏差は，現場用語では形状精度または形状誤差と呼んでいる．

　表19.1に幾何偏差の種類とその特性およびこれらの記号を示す．

　幾何偏差とその特性はすべて工業量である．ゆえにこれらの特性を測定するときは，まずその定義を明確化し，定義の適合した測定方法を採用してデータ処理をしなければならない．

　表19.1において，形体(feature)とは，幾何偏差を評価する測定対象の表面，穴，輪郭などの箇所および中心線，中心面のような派生した箇所も含まれる．

　形体には，理論的に正確な幾何学的基準により幾何偏差を求める関連形態とこの基準に関係なく決められる単独形体と呼ばれる形体がある．

　実用的に幾何学的基準は，測定基準，加工基準と呼び，精密定盤，マンドレルなどにより基準は設定される．この基準をデータム（detum）と呼ぶ．

19.2　幾何偏差の特性（幾何特性）の定義

　測定対象の品質評価においてよく採用されている代表的幾何偏差の定義を解析する．

19.2 幾何偏差の特性（幾何特性）の定義

表 19.1 幾何偏差の種類とその記号（JIS B 0021, 0621）

種類		適用する形体	記号
形状偏差	真直度	単独形体	─
	平面度		▱
	真円度		○
	円筒度		⌭
	線の輪郭度	単独形体または関連形体	⌒
	面の輪郭度		⌓
姿勢偏差	平行度	関連形体	∥
	直角度		⊥
	傾斜度		∠
位置偏差	位置度		⌖
	同軸度，同心度		◎
	対称度		⌱
振れ	円周振れ		↗
	全振れ		⌰

図 19.1〜19.6 は幾何偏差の定義の説明図である．図示例枠に示した公差値を定義の説明図の t の値として示してある．

幾何特性の概念的定義は，加工物の形体に応じて幾何学的に正しい2直線，2平面，2円筒，また同心2円などで囲んだときの間隔が最小となる場合の値によって表される．

（1）真円度

円形形体を2つの同心の幾何学的円で挟んだとき，同心2円の間隔が最小となる場合の2円の半径の差を t で表す．図19.1に一例を示す．

（2）円筒度

円筒形体を2つの同軸幾何学的円筒で挟んだとき，同軸二円筒の間隔が最小になる場合の2円筒の半径の差を t で表す．図19.2に一例を示す．

（3）平面度

平面形体を幾何学的平行二平面で挟んだとき，平行2平面の間隔が最小になる場合の2平面の間隔を t で表す．図19.3に一例を示す．

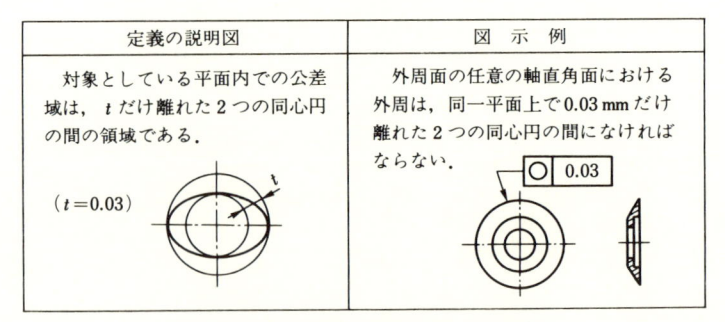

図 19.1 真円度の定義（JIS B 0021）

定義の説明図	図 示 例
対象としている平面内での公差域は，t だけ離れた2つの同心円の間の領域である．（$t=0.03$）	外周面の任意の軸直角面における外周は，同一平面上で 0.03 mm だけ離れた2つの同心円の間になければならない．

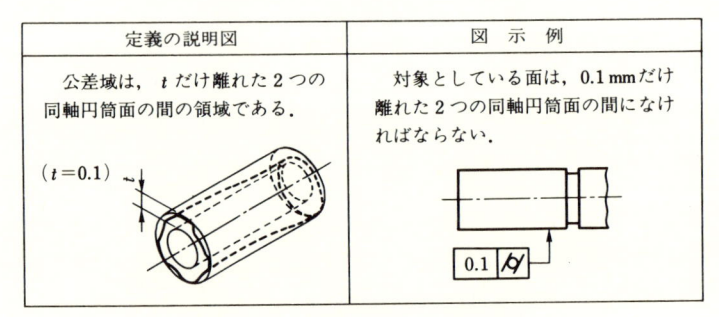

図 19.2 円筒度の定義（JIS B 0021）

定義の説明図	図 示 例
公差域は，t だけ離れた2つの同軸円筒面の間の領域である．（$t=0.1$）	対象としている面は，0.1 mm だけ離れた2つの同軸円筒面の間になければならない．

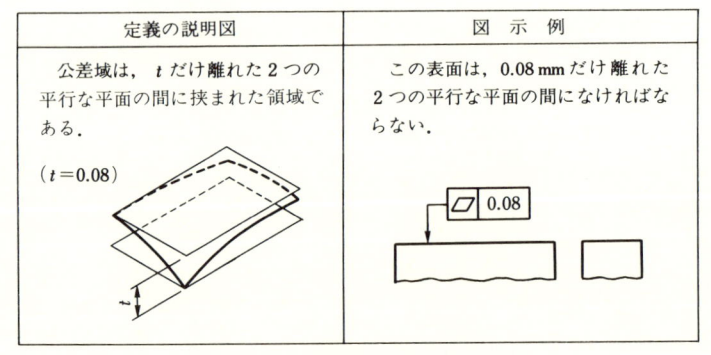

図 19.3 平面度の定義（JIS B 0021）

定義の説明図	図 示 例
公差域は，t だけ離れた2つの平行な平面の間に挟まれた領域である．（$t=0.08$）	この表面は，0.08 mm だけ離れた2つの平行な平面の間になければならない．

（4）平行度

一方向平行度，互いに直角な2方向の平行度，方向を定めない平行度がある．
一方向平行度はその方向に垂直でデータムの直線に平行な幾何学的平行二平

面で，その直線形体を挟んだときの2平面の間隔 t で表す．図19.4に一例を示す．

(5) 直角度

直角度は一方向直角度，互いに直角な2方向の直角度，方向を定めない直角度がある．

定義の説明図	図示例
公差域は，1つの平面に投影されたときには，データム直線に平行で t だけ離れた2つの平行な直線の間に挟まれた領域である． ($t=0.1$)	指示線の矢で示す軸線は，データム軸直線Aに平行で，かつ，指示線の矢の方向にある0.1mmだけ離れた2つの平面の間になければならない．

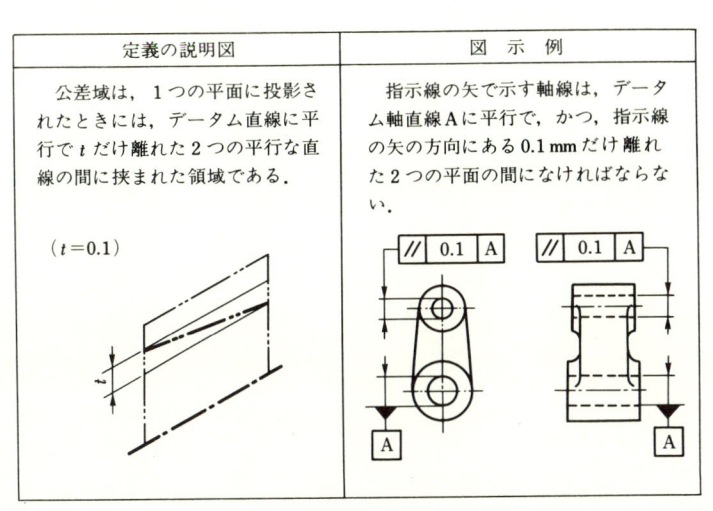

図 19.4 平行度の定義（JIS B 0021）

定義の説明図	図示例
公差の指定が一方向にだけ行われている場合には，一平面に投影された公差域は，データム平面で t だけ離れた2つの平行な直線に挟まれた領域である． ($t=0.2$)	指示線の矢で示す円筒の軸線は，データム平面に垂直で，かつ，指示線の矢の方向に0.2mmだけ離れた2つの平行な平面の間になければならない．

図 19.5 直角度の定義（JIS B 0021）

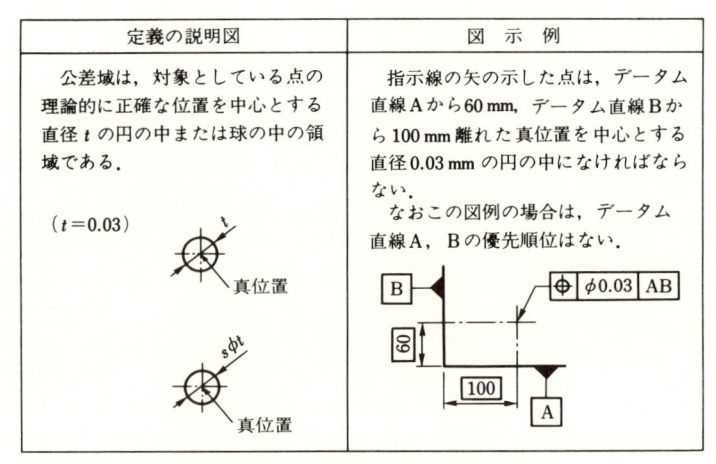

定義の説明図	図示例
公差域は，対象としている点の理論的に正確な位置を中心とする直径 t の円の中または球の中の領域である． ($t=0.03$)　真位置　真位置	指示線の矢の示した点は，データム直線Aから60 mm，データム直線Bから100 mm離れた真位置を中心とする直径0.03 mm の円の中になければならない．なおこの図例の場合は，データム直線A，Bの優先順位はない． B　$\phi 0.03$ AB　60　100　A

図19.6　点の位置度の定義（JIS B 0021）

一方向直角度はその方向とデータム平面に直角な平行二平面でその直線形体を挟んだときの2平面の間隔 t である．図19.5に一例を示す．

（6）点の位置度

理論的に正確な位置にある点を中心とし，幾何学的円または幾何学的球の直径 t で表す．図19.6に一例を示す．

19.3　真円度の測定

形状精度の測定は定義で定められた領域を求めることが必要であるが，測定値のまとめ方によりその値が異なる場合がある．

ことに真円度においては，データのまとめ方によりその値が異なってくる．

真円度は図19.7，19.8に示すような正確に回転するスピンドルまたはテーブル（回転精度10 nm オーダー）により測定される．

図19.7は回転スピンドルに取り付けられた検出器（差動トランス式）により被測定物の輪郭を測定する方式，図19.8は回転テーブル上にセットされた被測定物の輪郭を固定された検出器により測定する方式である．

検出された測定量は図19.9に示すデータ処理ブロック線図により処理され，真円度は理想真円からの偏差を以下に述べる中心に対して測定した輪郭の最大

19.3 真円度の測定

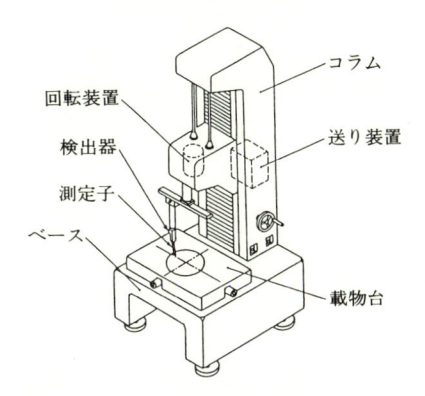

図 19.7 スピンドル回転式真円度測定機（JIS B 7451）

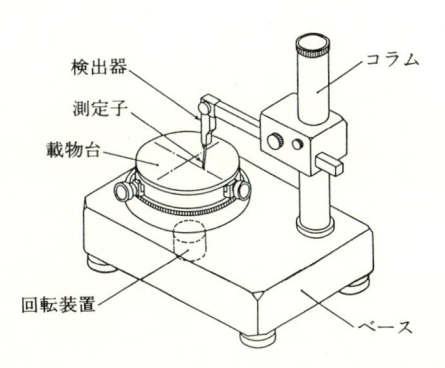

図 19.8 テーブル回転式真円度測定機（JIS B 7451）

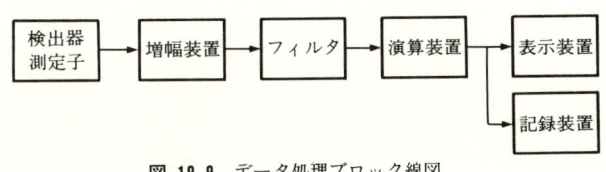

図 19.9 データ処理ブロック線図

半径と最小半径との差を求める．

真円度の評価法は測定目的，用途，形状などにより以下の4つの表示が一般に採用されている．

（1） 最小自乗中心法　　LSC（least square circle center）
（2） 最大内接円中心法　MIC（maximum inscribed circle center）

（3）最小外接円中心法　MCC（minimum circumscribed circle center）
（4）最小領域中心法　　MZC（minimum zone circle center）

19.3.1　最小自乗中心法

平均円を最小自乗中心法により求め，この平均円と同心で記録した線図に外接する円と内接する円との半径差を真円度とする．

最小自乗中心法により求めた記録を図19.10に示す．

19.3.2　最大内接円中心法

記録線図に少なくとも3点以上内接する最大内接円と，これと同心で記録線図に外接する円との半径差を真円度とする．

この評価法は穴の真円度測定に利用される．図19.10示した最小自乗中心法により求めた線図を最大内接円中心法で求めると，図19.11に示す線図となる．

19.3.3　最小外接円中心法

記録線図に少なくとも3点以上外接する最小外接円と，これと同心で記録線図に内接する円との半径の差を真円度とする．

この評価法は軸の真円度測定に利用される．図19.10に示した最小自乗中心法により求めた記録線図を最小外接円中心法で求めると，図19.12となる．

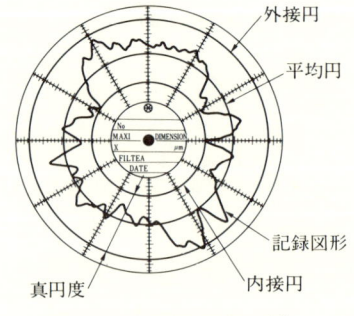

図 19.10　最小自乗中心法[1]

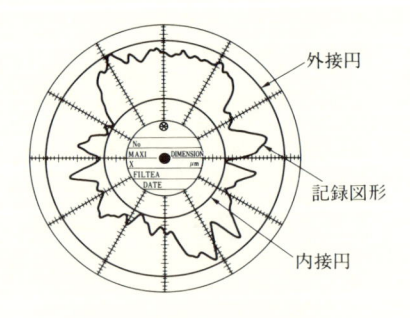

図 19.11　最大内接中心法[1]

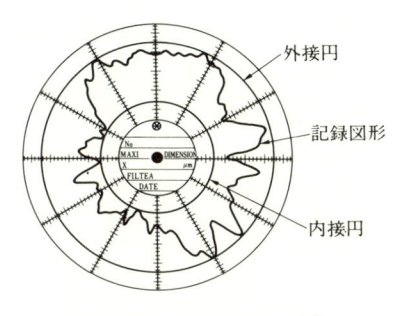

図 19.12 最小外接円中心法[1] 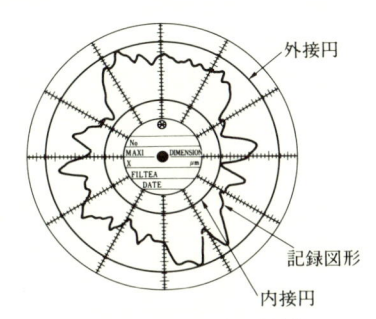   図 19.13 最小領域中心法[1]

19.3.4 最小領域中心法

記録線図に内接および外接する2つの同心円の半径の差が最小となる中心を試行錯誤的に求め，この半径の差を真円度とする．

この評価法はJISの真円度の定義に最も適している方法であり，絶対真円度と呼ばれている．19.3.2項に示したと同様に，図 19.10 最小自乗中心法で求めた記録線図を最小領域中心法により求めると，図 19.13 となる．

19.4　三点式真円度測定法

JISに規定された真円度の定義からはずれるが，小径被測定物の測定力によるたわみが測定精度に影響する問題，製造現場での敏速かつ容易な測定法の要求などの諸条件のときには，Vブロック法と呼ばれている三点式測定法が採用されている．

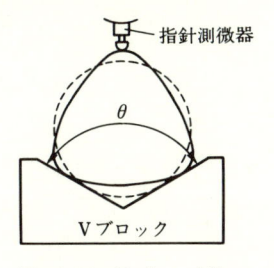

図 19.14　Vブロック法

角度 θ のVブロックの上に，図 19.14 に示すように，被測定物をのせ回転させ，1 回転の指針測微器の指示値を求める．

この方法の欠点は，被測定物の円筒断面のうねりの山数 n とVブロックの角度 θ により測定値が異なる．

被測定物を 1 回転したときの指針測微器の読みの最大値を R_{max}，最小値を R_{min} とすれば，真円度 R_e は次式となる．

$$R_e = \frac{(R_{max} - R_{min})}{f_n} \tag{19.1}$$

f_n は，θ と n とに左右される値であり

$$f_n = 1 + \frac{\cos n(90° + \theta/2)}{\sin(\theta/2)} \tag{19.2}$$

で表され，代表的 θ，n の値より f_n を求め，表 19.3 に示す．

角度 θ は 90° が一般に採用されているが，被測定物が小径（5 mm 以下）のときは，60° が採用されている[2]．

表 19.3 f_n の値

	n	2	3	4	5	6	7
θ	60°	0	3	0	0	3	0
	90°	1	2	−0.414	2	1	0
	120°	1.577	1	0.423	2	−0.155	2
	150°	1.897	0.268	1.518	0.732	1	1.268

19.5　最小自乗中心法

図 19.15 において，回転テーブルの中心と被測定物の中心とに偏心量 e の条件で測定したと仮定する．

$$OB = e \cos(\theta - \phi) + \sqrt{R^2 - e^2 \sin^2(\theta - \phi)}$$

$e \ll R$ であるから

$$OB = e \cos(\theta - \phi) + R$$

とする．

最小自乗法の原理により

図 19.15 最小自乗中心法の解析

$$F = \sum (\mathrm{OC} - \mathrm{OB})^2 = \sum \{\rho(\theta) - e\cos(\theta - \phi) - R\}^2$$

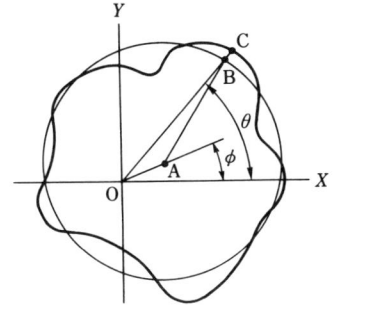

が最小になる条件を求める．

A点の座標を (a, b)，最小自乗中心平均円を R とすると

$$R = \frac{\sum \rho(\theta)}{n}, \quad a = \frac{2\sum x_i}{n}, \quad b = \frac{2\sum y_i}{n} \tag{19.3}$$

により求められる．

ゆえに真円度はAを中心とし，測定輪郭の外接円と内接円との半径の差により求めることができる．

[例 19.1] $\theta = 90°$ のVブロックを使用して，三角形の形状をした円筒を測定した結果，測定器の読みは 0.002 mm であった．この円筒の真円度を求めよ．

(解) 式 (19.2) より，または表 19.3 より $f_n = 2$ が求められる．

ゆえに，真円度 $R_e = 0.002/2 = 0.001$ mm となる．

[演習問題]

19.1 次の形状精度の定義を述べよ．
　　　a．真円度，b．円筒度，c．直角度，d．平面度
19.2 真円度の評価方法をあげて説明せよ．

20

三次元座標測定機

20.1 はじめに

　従来，機械加工部品は，図 20.1 に代表的例として示すように，定盤上に測定対象を置き，ブロックゲージとダイヤルゲージを併用した一次元的な測定方法が多用され，また求めた測定値は，マニアルでデータ処理を行っていた．

　しかし，機械加工部品の高精度化と測定作業の効率化が要求され，一次元的測定方法は，これらの条件を満足することは不可能となり，この問題点に対応するため三次元座標測定機が開発されてきた．

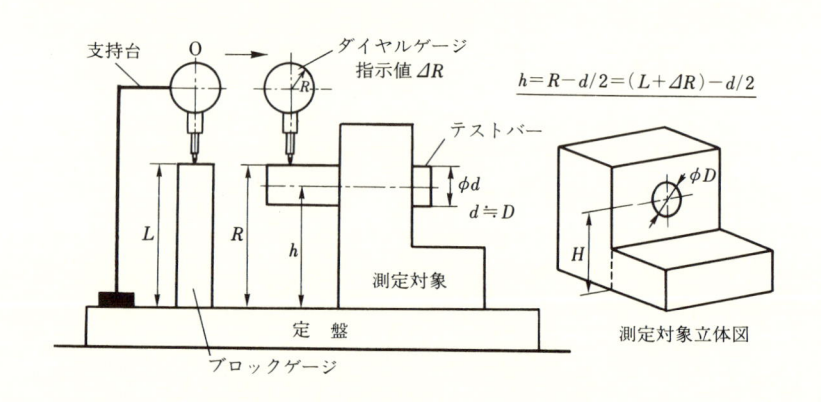

図 20.1 定盤を利用した一次元的測定法

20.2 三次元座標測定機の概要

　三次元座標測定機の代表例を図 20.2 に示す．

20.2 三次元座標測定機の概要

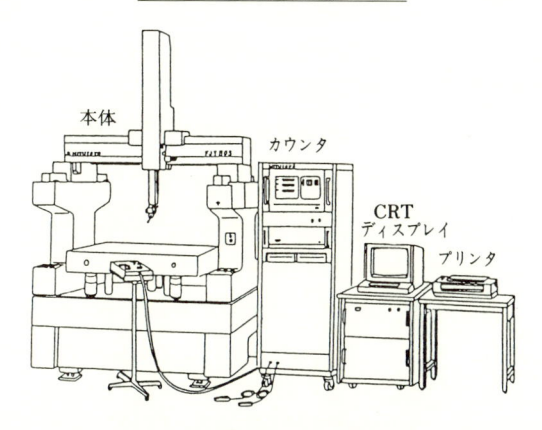

図 20.2 三次元座標測定機の概要[1]

本体, カウンタ, データ処理装置, CRT ディスプレイ, プリンタから構成されている. 本体構造は, ベース, 測定テーブル, リニアエンコーダを内蔵した X, Y, Z 軸から構成され, これらの軸は一般にエアベアリングにより支持されている.

本体構造の主なものは図 20.3 に示してあるが, ブリッジ形, カンチレバー形

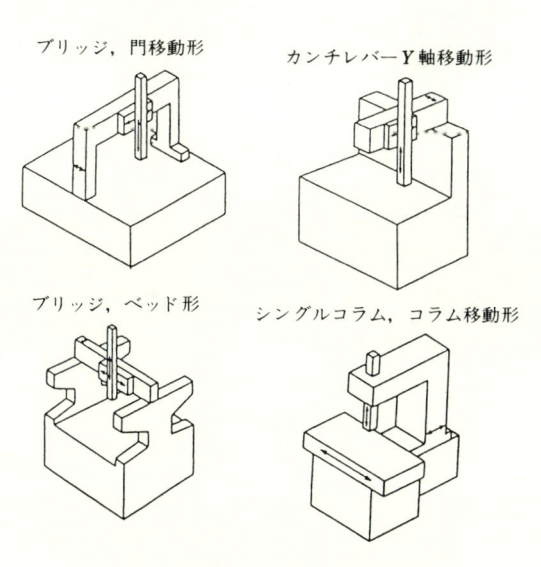

図 20.3 本体構造の種類（JIS B 7440）

が主流を占めている．これらの形は，Z軸を除き測定対象の大きさにより，アッベの原理からはずれている（20.6節参照）．

シングルコラム形のX，Y，Z軸は，アッベの原理を満足し，テーブル，コラムの案内面は，V-VまたはV-平面で構成され，ボールねじによる強制駆動形が採用されているため，サブミクロンの精度が得られている．

20.3　データ処理システム

開発当初の三次元座標測定機は，測定値をプリンタにより印字する程度であり，導入のメリットはあまり評価されなかった．しかし万能タッチ信号装置とデータ処理装置とそのソフトの開発により，その有用性は高く認められた．

タッチ信号装置は，プロービングシステム（probing system）と呼び，その外観と構造の代表例を図20.4に示す．

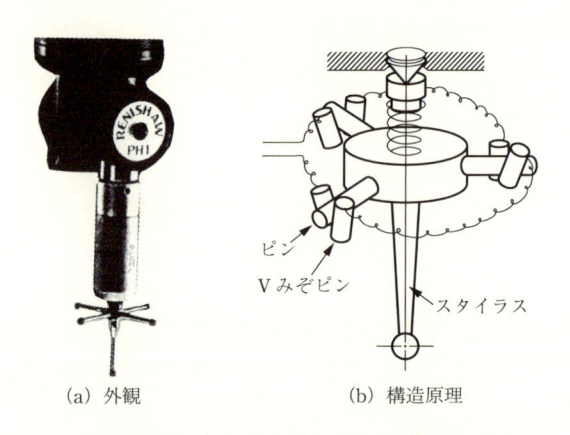

(a) 外観　　(b) 構造原理

図 20.4　プロービングシステムの構造[2]

プロービングシステムのスタイラスが測定対象に接触し，Vみぞピンとピンとの接触が3箇所のうち1箇所でもはずれた瞬間，図20.5に示すスタイラス先端球の中心座標値x，y，zは，データ処理システムに取り込まれ，測定対象と先端球の接触点の座標値X，Y，Zに変換される．

20.3 データ処理システム

接触点座標：X, Y, Z
スタイラス先端球中心：o
球中心座標：x, y, z

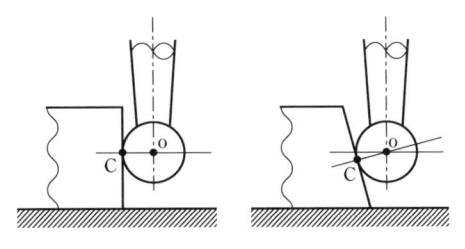

図 20.5 測定子先端球と測定対象との接触状況

　長さ（内外径，深さ，幅など），角度，幾何偏差（平面度，円筒度，直角度など），測定座標の変換（測定基準の変更）などを求めるデータ処理の標準的プログラムの例を図20.6に示す．

基準軸補正	原点移動	軸，穴寸法，中心座標
軸，穴幾何偏差	溝幅，深さ寸法測定	平面度
2円弧半径，交点座標	2面交角，交点座標	楕円寸法

図 20.6 測定データ処理プログラム[1]

測定点は要求される測定精度，形状偏差を求める形状などに左右されるが，標準的には2〜30点である．しかし測定点が多くなると測定精度と測定時間が問題となってくる．

図20.7に例示する測定対象の内径，穴の中心点座標と穴の中心距離を求める測定手順と求められる特性を表20.1に示す．

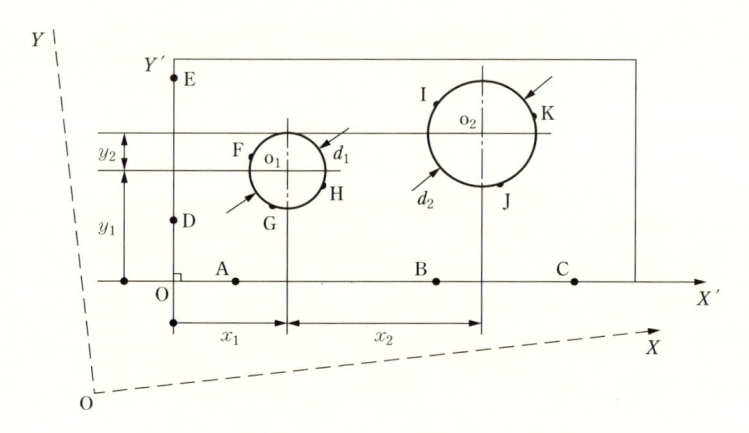

図 20.7 標準的プログラムにより処理可能な測定対象

表 20.1 測定方法

測定点	測定目的，求める特性
軸 OX'　A，B，C 軸 OY'　D，E	座標軸の設定（測定機のテーブルの座標軸 OX，OY に対して測定対象の傾きを補正する）
穴 o_1　F，G，H 穴 o_2　I，J，K	内径 d_1，中心 o_1 の座標値 (x_1, y_1) 内径 d_2，中心 o_2 の座標値 (x_1+x_2, y_1+y_2) 中心 o_1，o_2 間の中心距離

測定対象は，図20.6，20.7に示すような簡単な形状から，複雑形状の精密金型，特殊形状機械部品，非球面レンズなど多種な測定対象で，高精度かつ能率的に測定可能な測定機とデータ処理システムが要求される．

図20.8(a)，(b)にこの一例を示してあるが，これら測定対象は，微小測定間隔（μm オーダー）の連続的に走査測定が可能な性能が要求される．

これらに対応するため，ハード面では，サブミクロンの最小表示量の CNC 測定機，ソフト面では，CAD データより自動的に測定点の座標値への変換などが開発されてきた[1]．

(a) 非球面レンズ　　(b) 特殊形状機械部品

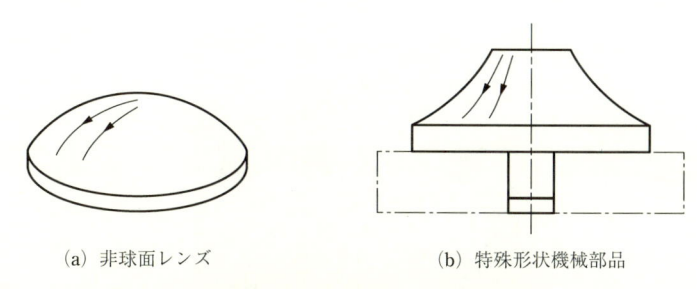

図 20.8　連続走査測定が要求される測定対象[1]

20.4　三次元座標測定機の精度

三次元座標測定機の性能評価方法は，以下のように推奨されている．

測定機本体の性能検査は，長さの標準器を図 20.9 に示す検査位置において測定し，式（20.1）の E と比較する．

メーカは，座標測定機の誤差 E（μm）を式（20.1）の形式で表示している．

$$E = A + L/K \tag{20.1}$$

ここに A（μm），K（無次元）：メーカの公表定数，L（mm）：測定長さ．

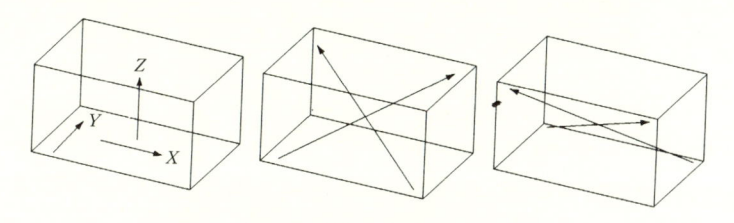

図 20.9　測定精度試験位置[3]

受入・定期検査は，組織的に実施されているが，随時検査を実施することが強く推奨されている．この場合，測定頻度の高い測定対象に類似した適切な形状，寸法の標準器を採用することが望ましい．

図20.10にブロックゲージを使用した性能検査状況を示す．

図 20.10 ブロックゲージを採用した性能検査[1]

プロービングシステムの指示値のばらつきが生ずることも否定できない．

このばらつきは，参照球(約直径30 mm)の任意の位置を25箇所測定し，最小二乗法により求めた球の中心から各測定点の半径 r を求めて，式(20.2)で求めた値をプロービング誤差と呼び，メーカの公表値と比較して検証する．

$$\text{プロービング誤差} \quad R = r_{\max} - r_{\min} \tag{20.2}$$

表20.2に代表的三次元測定機の仕様を示す[1]．

表 20.2 三次元座標測定機の代表的仕様例[1]

機種		A	B	備考
測定範囲 (mm)	X	705	505	
	Y	705	405	
	Z	455	405	
指示誤差 (μm)	E	$0.48 + L/1000$	$2.9 + L/1000$	L (mm)
プロービング誤差(μm)	R	0.6	3.0	
最小表示量 (μm)		0.01	0.1	

(注) Aは，世界最高レベルの高精度の機種である．
　　　Bは，企業で最も多く採用されている機種である．

20.5 アッベの原理

　測長機には図 20.11, 20.12 に示すように，測定軸に対して目盛尺が下方に h ずれた構造と，両者が同一線上にある構造とがある．

　ベッドの案内面に真直度誤差 θ があり，前者の場合には測微顕微鏡は図 20.13 に示すように角度 θ 傾いたと仮定すると，目盛尺の読みは δl の誤差が生ずる．後者の場合は図 20.14 に示すように，目盛尺は測定軸に対して角度 θ 傾いたと仮定すると，目盛尺の読みは $\delta l'$ の誤差が生ずる．

　δl, $\delta l'$ は，おのおの図において，θ は微小であるから

$$\delta l = h \tan \theta \fallingdotseq h\theta$$

$$\delta l' = (L-l)\left(\frac{1}{\cos \theta} - 1\right) \fallingdotseq \frac{L-l}{2}\theta^2 \qquad (20.3)$$

となる．

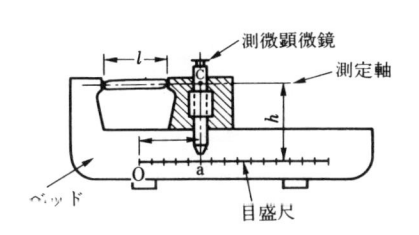

図 20.11　測長機 A[3)]

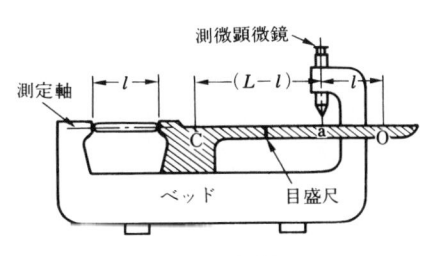

図 20.12　測長機 B[3)]

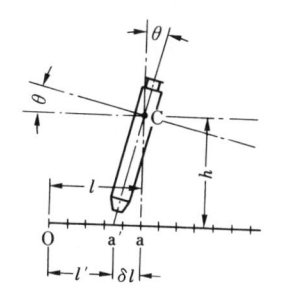

図 20.13　測長機 A の誤差[3)]

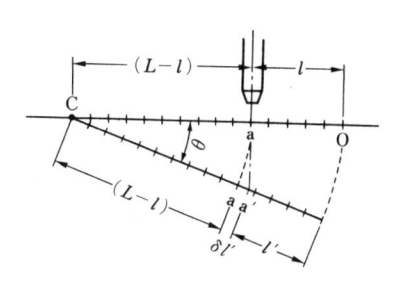

図 20.14　測長機 B の誤差[3)]

測定軸上に目盛尺を配置する構造は，誤差 θ は 2 次的になるため，ベッドの案内面の誤差の影響を微小にすることができる．これをアッベの原理（principle of Abbe）という．

図において，$L-l=500$ mm，$h=100$ mm の条件で，誤差 δl，$\delta l'=\pm 1$ μm を得るためにはベッドの案内面の真直度誤差は

　図 20.13 の場合　　　$\theta < \pm 2''$
　図 20.14 の場合　　　$\theta < \pm 6'53''$

となり，両者に大きな差があることが明らかである[3]．

[演習問題]

20.1　プロービング誤差について説明せよ．
20.2　アッベの原理について説明せよ．

21

光波の干渉じまを利用した測定方式

21.1 光波干渉の原理

2つの光を図21.1に示す条件で合成させると,光の位相が一致したときは振幅は増大して明るさを増し,1/2位相がずれたときは暗くなる.

波長をλとすると,合成されたときの位相差δは式(21.1)で表される.

$$\delta=(2n+1)\lambda/2 \quad \text{のとき(奇数倍)}……\text{暗(dark)}$$
$$\delta=\ \ \ \ 2n\lambda/2 \quad \text{のとき(偶数倍)}……\text{明(bright)} \quad (21.1)$$
$$n=1,\ 2,\ 3,\ \cdots$$

この現象を光波干渉(interference of light)という.

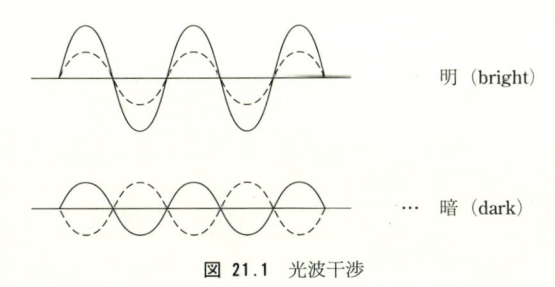

図 21.1 光波干渉

精密測定機器などの鏡面仕上面に精密なガラス板(オプチカルフラット[1])を微小角傾けて上方から観測すると,式(21.1)の条件を満足する位相差δに応じて,図21.2に示すような一定間隔の黒いしまが見られる.

このしまを干渉じま(interference fringe)と呼んでいる.

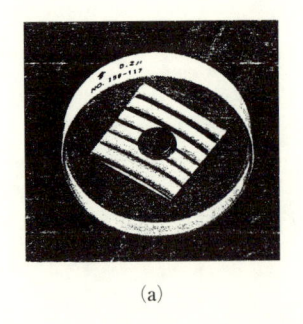

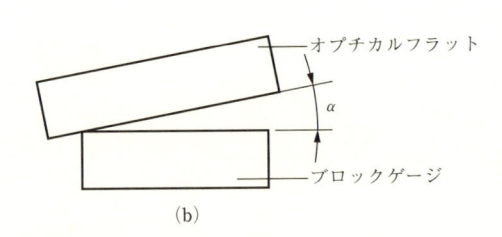

図 21.2 観測される干渉じま

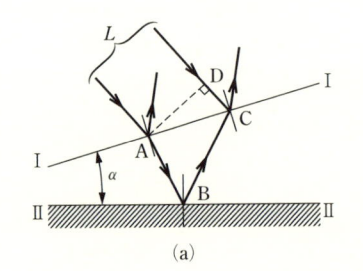

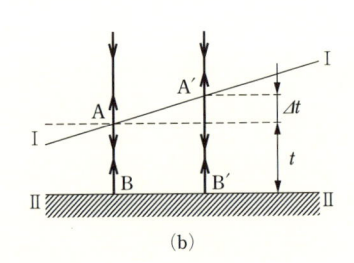

図 21.3 光波干渉の光路

この干渉現象を解析する光路を図21.3(a),(b)に示す(αは拡大してある).

図(a)において,平行光線LのA点に投射した光は,反射光線と入射光線に分かれ,入射光線はII面で反射して,C点において反射した光と合成する.

このC点における両光線の位相差 δ は,II面において反射するときに起こる位相のずれ $\lambda/2$ を考慮すると,式(21.2)で表される*.

$$\delta = (AB + BC - CD) + \lambda/2 \qquad (21.2)$$

図21.4に示す光波干渉測定機の光は,固定鏡に直角に投射し,図21.3(b)においてII面に対して直角に入射することになる.また傾斜角 α は微小であり(実用条件では $\alpha < 0.003°$),また A,A′ 点の狭い範囲では,I面はII面に対して平行平面の一部とみなして解析することができる[1]).

---

* 光が空気中(光学的に粗な物質)に置かれたガラス,鋼など(光学的に密な物質)などを反射するとき,波長は $\lambda/2$ の位相差を生ずる.

図(b)のA点に暗線の干渉じまが観測されたとし，この点の位相差をδAとすると，tは式（21.3）で求められる．

$$\delta A = 2t + \lambda/2 = (2n+1)\lambda/2$$
$$\therefore \quad t = n\lambda/2 \tag{21.3}$$

I面とII面との隙間寸法が$\lambda/2$の倍数の位置において干渉じまが観測されるからAとA′点が隣接した干渉じまが観測されたとすると，図21.3（b）に示したΔtは式（21.4）となる．

$$\Delta t = \lambda/2 \tag{21.4}$$

干渉じま1ピッチのAとA′点における空気層の厚さの差は$\lambda/2$となり，この関係が長さ，平面度の測定に利用される．

21.2 光波干渉の原理を利用した長さの測定

(1) 光波干渉方式の測定機

レーザ（He-Neガスレーザ）を光源とし，干渉じまの数を自動的に計数する光波干渉方式測定機が開発され，工作機械，座標測定機の精度検査および大形機械部品などの高精度測定，高能率化を可能とした．

この測長機の基本的な光路を図21.4に示した．

光源（1）→ビームスプリッタ（2）┌→固定鏡（3）→┐ビームスプリッタ（2）→
　　　　　　　　　　　　　　　　└→可動鏡（4）→┘
→検知器（フリンジカウンタ）（5）

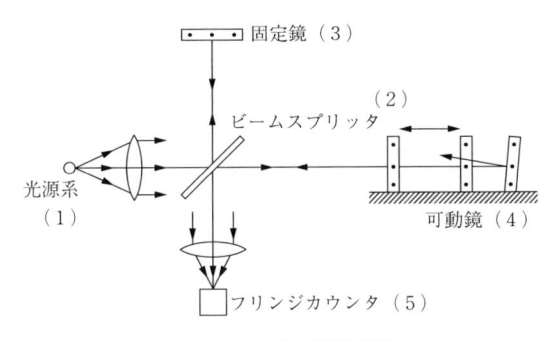

図 21.4 光波干渉測長機

図において，可動鏡（4）を矢印のように移動させると，光波干渉の原理により $\lambda/2$ の移動ごとに干渉じまの変化（明暗の変化）が繰返される．
　この変化数をカウントする測定法である．また端数（少数部）の読取りは検知器の電子回路により検出される．
　この光学系では，可動鏡のスライド面に平面度の誤差があると，可動鏡が傾き入射光に対して反射光は平行にならないために誤差が生ずる．

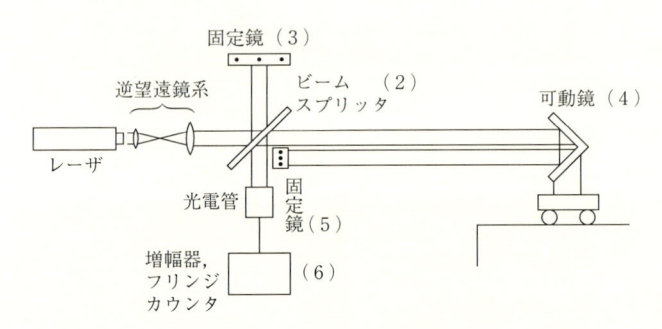

図 21.5　レーザを光源とし Michelson 干渉計を用いた測長機[2)]

　このため図 21.5 に示す測長機が実用化されている．
　図において可動鏡は逆反射鏡（corner cube）が採用されている．可動鏡が傾いても反射光は入射光に対して平行であるため，前者のような誤差は防止できる．この測定機の光学系は以下のようである．

光源系（1）→ビームスプリッタ（2）┬可動鏡（4）→固定鏡（5）→可動鏡（4）┐
　　　　　　　　　　　　　　　　　└固定鏡（3）→　　　　　　　　　　　　│
→ビームスプリッタ（2）→検知器（フリンジカウンタ）（6）

　可動鏡の移動距離を L とすると，L は式（21.5）で求められる．
$$L = n \cdot \lambda/4 \tag{21.5}$$
n をフリンジカウンタで計数して，移動距離 L を求める．
　これら測定機の代表的な例として，測定長さ 5 m，読取値 0.05 μm の仕様の測定機が市販されている．

(2) ブロックゲージ測定用光波干渉計

光波長の異なる 3～4 種の単色光により干渉測定で求めたブロックゲージの寸法が一致する条件（±0.03 μm 以内）の値を採用する方法であり，合致法と呼んでいる[3]．

この光波干渉計の測定の 100 mm 以下のブロックゲージの寸法の不確かさの一例として，0.04 μm（信頼率 95 ％）と報告されている[4]．

合致法の詳細は，巻末にあげた文献を参考にされたい．

21.3　光波干渉計に採用されている光源

光は光路中の媒質の屈折率の変化により，干渉縞のコントラストが低下して測定距離の長い条件では干渉性（coherence）は低下し，測定が困難となる．

光波干渉可能な最大光路差を可干渉距離といい，光波干渉計に採用されている光源の実用上の可干渉距離を表 21.1 に示す．

表 21.1　可干渉距離

光源	可干渉距離 (mm)	光源	可干渉距離 (mm)
Hg	100	Hg^{198}	600
Kr	100	He-Ne レーザ	500
Cd	100		

よう素安定化 He-Ne レーザ赤色光の波長は 0.632,991,3982 μm で，この値を中心として波長幅は 0.002 nm であり，非常に細かい光束と直線性に優れた特性をもち，可干渉距離も表 21.1 に示すように長い．このため測定長も従来の光源と比較して長尺測定が可能となった．この光源は "633 nm He-Ne レーザ" と呼ばれ，実用長さや標準の光源として採用されている．

21.4　光波干渉を応用した形状測定

21.1節において述べたように鏡面加工した測定面に精密なガラス板（オプチカルフラット）を微小角傾けて接触させると，図21.2に示した一定間隔の干渉じまが観測される．この相隣り合った干渉じまの位置の測定面とガラス板との空気層の厚さの差は$\lambda/2$，またこの干渉じまは，地図の等高線と同じ定義であり，平面度の測定および平面の形状を容易に判断することができる．

21.4.1　平面度の測定

平面度の測定方法には，干渉じまの数を計数する方法と干渉じまの直線性を評価する方法がある．

（1）　干渉じまの数を計数する方法

鏡面仕上された測定平面にオプチカルフラットを接触させて，観測される干渉じまの数を読み取る方法であるが，平面度$\geq \lambda/2$の条件に採用される．

平面度をE_t，干渉じまの数をn（本），光波長をλ（μm）とすれば，E_tは式(21.6)により求められる．

$$E_t = n \times \lambda/2 \quad (\mu m) \tag{21.6}$$

ここにλは白色光の赤色の干渉じまで$0.6\ \mu m$の値が採用されている．

図21.6はマイクロメータのアンビルの平面度をオプチカルフラットにより測定している例を示してあり，$n=3$の干渉じまが観測される．

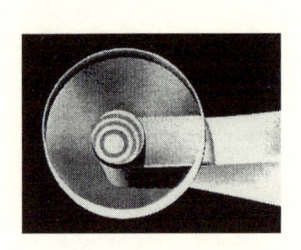

図 21.6　干渉じま計数法[4]

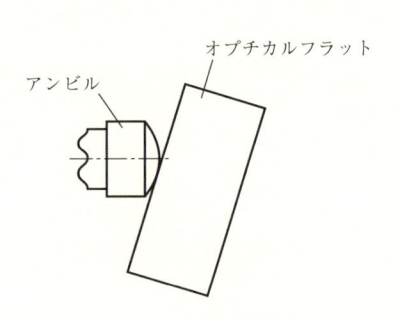

図 21.7　計数法原理図

ゆえにこのアンビルの平面度は，$E_t=3\times0.6/2=0.9\,\mu$m であり，図21.7に示すように測定面の形状は中凸である．

（2）　干渉じまの直線性を評価する方法

この方法は，平面度$\leq\lambda/2$の範囲の測定に採用される．

図21.8は，測定面にオプチカルフラットを微小角傾けて干渉じまを測定して平面度を求めた模型的図である．

図において，平面度をE_tとすると，式（21.7）で求められる．

$$E_t=\frac{b}{a}\times\frac{\lambda}{2}\quad(\mu\text{m}) \tag{21.7}$$

ここに　λ：光波長（0.6 μm）

a：干渉じまの中心距離（mm），b：干渉じまの曲り量（mm）

図において，$a=3$ mm，$b=1.5$ mm より$b/a=0.5$である．

ゆえに，式（21.7）より平面度$E_t=0.5\times0.6/2=0.15\,\mu$m である．

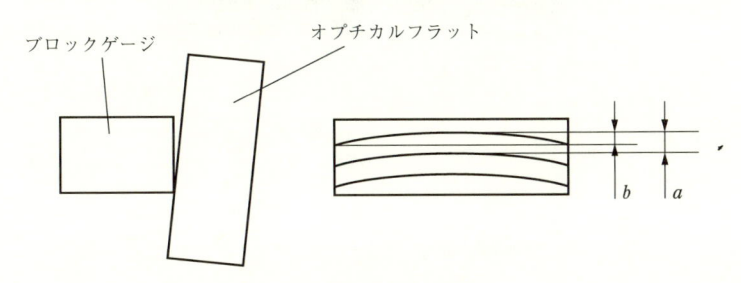

図 21.8　直線評価法原理図

21.4.2　平行度の測定

干渉じまの直線性を評価する方法の代表的な応用例として，図21.10に示すマイクロメータのアンビルとスピンドルとの平行度の測定法があげられる．

測定原理は，図21.9に示すようにオプチカルパラレルをアルビンに密着し，次にスピンドルを軽く接触させて，スピンドル測定面の干渉じまを観測する．

図21.10は干渉じまの数は1本で，平行度$<0.3\,\mu$m である．

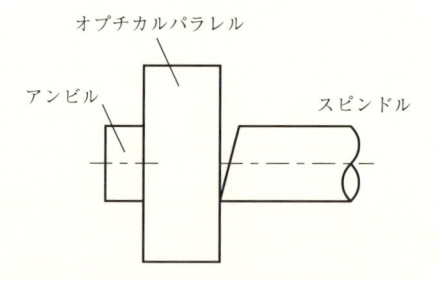

206   21章　光波の干渉じまを利用した測定方式

図 21.9　平行度測定原理図

図 21.10　平行度の測定[5]

[演習問題]

21.1　光波干渉の原理を簡単に説明せよ．
21.2　マイクロメータのアンビルとスピンドルの平行度の測定法を説明せよ．

22

精密測定室の標準状態

22.1 はじめに

　一般に精密測定は，温度・湿度のコントロールされたいわゆる恒温室内で行われる．
　JIS Z 8703 には，試験を実施する場所の温度，湿度および気圧に関する標準状態について規定されている．

22.2 標準状態

標準状態の条件は以下のように規定されている．
温度　試験の目的（測定目的）に応じて，20，23，25°C のいずれかとする．
湿度　相対湿度 50 ％ または 65 ％ のいずれかにする．
気圧　気圧は 86 kPa 以上 106 kPa 以下（645.05 mmHg 以上 793.07 mmHg 以下）とする．
　ISO 554-1976 において推奨されている標準状態は
温度 23°C，湿度 50%，気圧 86 kPa 以上 106 kPa 以下としている．

22.3 標準状態の許容差

　標準状態の温度，湿度の許容差は，測定の目的に応じて表 20.1，20.2 のように級別する．
　温度範囲 5～35°C を常温といいまた湿度範囲 45～85 ％ を常湿という．

表 22.1 温度の許容差

級別	許容差 ℃
温度 0.5 級	±0.5
温度 1 級	±1
温度 2 級	±2
温度 5 級	±5
温度 15 級	±15

備考 15級は温度20℃に対してだけ用いる．

表 22.2 湿度の許容差

級別	許容差 ％
湿度 2 級	±2
湿度 5 級	±5
湿度 10 級	±10
湿度 20 級	±20

備考 20級は相対湿度65％に対してだけ用いる

22.4　三次元測定機の試験環境条件

　三次元測定機の試験環境は以下の条件が望ましい（旧 JIS B 7440）．
　使用者，製造業者が特に条件を指定しない場合

周囲温度	20±2℃
時間当たり温度変化	1℃/1 h
測定機を含めた空間の温度分布	1℃/m
相対湿度	50±10％

　また重要なことは，三次元測定機および試験に使用される標準器，計測機器などは，同一試験環境条件に24時間以上放置することが望ましいと明記されていることである．

（注）　表 22.1 を参照のこと．

付表 インボリュート関数表

α	0.0	0.1	0.2	0.3	0.4	0.5	0.6	0.7	0.8	0.9
10°	0.001 794	0.001 849	0.001 905	0.001 962	0.002 020	0.002 079	0.002 140	0.002 202	0.002 265	0.002 329
11	.002 394	.002 461	.002 528	.002 598	.002 668	.002 739	.002 812	.002 887	.002 962	.003 039
12	.003 117	.003 197	.003 277	.003 360	.003 443	.003 529	.003 615	.003 702	.003 792	.003 838
13	.003 975	.004 069	.004 164	.004 261	.004 359	.004 459	.004 561	.004 664	.004 768	.004 874
14	.004 982	.005 091	.005 202	.005 315	.005 429	.005 545	.005 662	.005 782	.005 903	.006 025
15	.006 150	.006 276	.006 404	.006 534	.006 665	.006 799	.006 934	.007 071	.007 209	.007 350
16	.007 493	.007 637	.007 784	.007 942	.008 082	.008 234	.008 388	.008 544	.008 702	.008 863
17	.009 025	.009 189	.008 355	.009 523	.009 694	.009 866	.010 041	.010 217	.010 396	.010 577
18	.010 760	.010 946	.011 133	.011 323	.011 515	.011 709	.011 906	.012 105	.012 306	.012 509
19	.012 715	.011 923	.013 134	.013 346	.013 562	.013 779	.013 999	.014 222	.014 447	.014 674
20	.014 904	.015 137	.015 372	.015 609	.015 850	.016 092	.016 337	.016 585	.016 836	.017 089
21	.017 345	.017 603	.017 865	.018 129	.018 395	.018 665	.018 937	.019 212	.019 490	.019 770
22	.020 054	.020 340	.020 629	.020 921	.021 217	.021 514	.021 815	.022 119	.022 426	.022 736
23	.023 049	.023 365	.023 684	.024 006	.024 332	.024 660	.024 992	.025 326	.025 664	.026 005
24	.026 350	.026 697	.027 048	.027 402	.027 760	.028 121	.028 485	.028 852	.029 223	.029 598
25	.029 975	.030 357	.030 741	.031 150	.031 521	.031 917	.032 315	.032 718	.033 124	.033 534
26	.033 947	.034 364	.034 785	.035 209	.035 637	.036 069	.036 505	.036 945	.037 388	.037 835
27	.038 287	.038 742	.039 201	.039 604	.040 131	.040 602	.041 076	.041 556	.042 039	.042 526
28	.043 017	.043 513	.044 012	.044 516	.045 024	.045 537	.046 054	.046 575	.047 100	.047 630
29	.048 161	.048 702	.049 245	.049 792	.050 344	.050 901	.051 462	.052 027	.052 597	.053 172
30	.053 751	.054 336	.054 924	.055 518	.056 116	.056 720	.057 328	.057 940	.058 558	.059 181
31	.059 809	.060 441	.061 079	.061 721	.062 369	.063 022	.063 680	.064 343	.065 012	.065 685
32	.066 364	.067 048	.067 738	.068 432	.069 133	.069 838	.070 549	.071 266	.071 988	.072 716
33	.073 449	.074 188	.074 932	.075 683	.076 439	.077 200	.077 968	.078 741	.079 520	.080 069
34	.081 097	.081 894	.082 697	.083 506	.084 321	.085 142	.085 970	.086 804	.087 644	.088 490
35	.089 342	.090 201	.091 067	.091 938	.092 816	.093 701	.094 592	.095 490	.096 395	.097 306

[演習問題略解]

計算問題の解答値のみとし，その他の問題は文献も参考にして解答せよ．

2.4 $6.00188 \geqq m \geqq 6.00108$ mm

3.1 $l_{20} = 100.0338$ mm

4.1 $\Delta l = 0.03$ μm

4.2 $s_1 = 158.5$ mm

4.3 $\delta = 0.015$ mm

8.1 最小公差率＝67％

17.4 最適針径＝$d_{wb} = 1.1547$，有効径誤差＝$\Delta d_2 = -0.015$ (mm)

18.1 a. 基準ピッチ円直径＝130，b. 法線ピッチ＝5.9043
　　　　c. 歯すき角＝1.06°　d. キャリパ歯たけ＝2.02，弦歯厚＝3.14
　　　　e. またぎ歯数＝8枚，またぎ歯厚＝46.103
　　　　f. ピン径＝3.3728…$d_p = 3.5$を採用する．オーバピン直径＝135.0416
　　　（単位 mm）

［参考文献］

2 章

1) JIS Z 8402
2) たとえば，計量管理調査研究委員会編：新しい計量管理の進め方，p.213，計量管理協会（1977）
3) (株)ミツトヨ，カタログ
4) JIS Z 9041
5) たとえば，精密工学会誌：計測の信頼性の表現法―不確かさ，精密工学会，7 (1999)

3 章

1) JIS Z 8703
2) 佐々木外喜雄：体熱による標準ゲージの寸法変化，日本機械学会誌（1937）
3) 保科，横山：測長器（上），p.37，日刊工業新聞社（1962）
4) 保科，横山：測長器（上），p.39，日刊工業新聞社（1962）

4 章

1) TORIMOS社，カタログ
2) たとえば，青木保雄：精密測定（1），p.18，コロナ社（1957）
3) 保科，横山：測長器（上），p.47，日刊工業新聞社（1962）
4) (株)ミツトヨ，カタログ
5) 伊佐正司：指針測微器，p.186，日刊工業新聞社（1962）

5 章

1) Carl Zeiss社，カタログ
2) (株)ミツトヨ，カタログ
3) (株)ツガミ，カタログ
4) SIP社，カタログ

6 章

1) JIS Z 8103

7 章

1) (株)ミツトヨ,カタログ
2) (株)ツガミ,カタログ
3) TESA 社,カタログ
4) YORKSHIRE 社,カタログ
5) SIP 社,カタログ
6) (株)アイゼン,カタログ

8 章

1) Carl Mahr 社,カタログ
2) GTD 社,カタログ
3) 吉本　汎：ゲージ,p.51,日刊工業新聞社 (1962)

9 章

1) 西田八郎：ノギス,p.7,日刊工業新聞社 (1962)
2) 西田八郎：ノギス,p.61,日刊工業新聞社 (1962)
3) 西田八郎：ノギス,p.76,日刊工業新聞社 (1962)
4) 太刀　掛：クイックマイクロ MDQ の開発,テクニカル・ブレティン,43,p.1,(株)ミツトヨ (1996)
5) Carl Mahr 社,カタログ
6) 伊佐正司：指針測微器,p.79,日刊工業新聞社 (1962)
7) JOHANSSON 社,カタログ
8) 永田兼雄：ダイヤルゲージ,p.7,日刊工業新聞社 (1962)

10 章

1) (株)ミツトヨ,カタログ
2) 下村,佐々木：ABC デジマチックキャリパ CD-C,テクニカル・ブレティン,42,p.6,(株)ミツトヨ (1995)

3) 精機学会編：工業計測便覧, p.462, コロナ社（1982）
4) (株)共和電業, カタログ
5) 柚木裕士：レーザインジケータ, テクニカル・ブレティン, 32, p.12, (株)ミツトヨ（1990）
6) (株)アンリツ, カタログ

11 章

1) 副島, 米持：精密測定, p.68, 共立出版（1981）
2) 石原誠一郎：高圧式空気マイクロメータとその応用, 日本機械学会誌, 54, 384, p.5（1951）
3) (株)東京精密, カタログ
4) Federal 社, カタログ

12 章

1) 宮崎孔友：計測工学, p.199, 朝倉書店（1977）
2) 沢辺雅二：知りたい測定の自動化, p.93, ジャパンマシニスト社（1981）
3) 沢辺雅二：知りたい測定の自動化, p.79, ジャパンマシニスト社（1981）
4) (株)ミツトヨ, カタログ
5) 沢辺雅二：知りたい測定の自動化, p.126, ジャパンマシニスト社（1982）
6) 沢辺雅二：知りたい測定の自動化, p.168, ジャパンマシニスト社（1982）
7) 加藤壮祐：インダクトシンの原理と精度, 機械の研究, 第24巻, 12号, p.20（1972）

13 章

1) SIP 社, カタログ
2) ランクテーラホブソン, カタログ
3) 太田 敏：角度測定器, p.83, 日刊工業新聞社（1962）
4) 日本光学(株), カタログ

14 章

1) (株)ミツトヨ, カタログ
2) Carl Zeiss 社, カタログ
3) Carl Mahr 社, カタログ

4) TESA社, カタログ
5) JIS B 7515
6) (株)アイゼン, カタログ
7) 小泉袈裟勝, 小泉義勝：小穴測定, p.13, コロナ社 (1955)

15 章

1) (株)東京精密, カタログ
2) Heald社, カタログ

16 章

1) 佐久間健司：サーフテテスト 40) 型の解説とそのパメータ, テクニカル・ブレティン, 26-1, p.6, (株)ミツトヨ (1987)
2) (株)ミツトヨ, カタログ
3) 和田　尚：精密測定演習, p.132, 産業図書 (1980)
4) Robert社, カタログ
5) (株)東京精密, カタログ
6) Rodenstock社カタログ

17 章

1) Carl Mahr社, カタログ
2) たとえば, 青木保雄：精密測定 (2), p.316, コロナ社 (1960)
3) 東京光学機械(株), カタログ

19 章

1) 中土井, 大森：ラウンドテスト RA-112, テクニカル・ブレティン, 30, p.11, (株)ミツトヨ (1988)
2) JIS B 0271

20 章

1) (株)ミツトヨ, カタログ
2) RENISHAW社, カタログ
3) たとえば, 副島, 米持：精密測定, p.38, 共立出版 (1981)

4) JIS B 7440-2

21 章

1) 児玉帯刀：光，p.551，槙書店
2) 島津備愛：レーザと応用，p.140，産報出版（株）
3) 副島吉雄：精密測定，p.55，共立出版（株）
4) （株）ミツトヨ，カタログ
5) ETALON 社，カタログ

[索　　引]

〈ア　行〉

アダプティブコントロール・システム……147
アッベの原理…………………………196
粗さ曲線の算術平均高さ……………152
粗さ曲線の負荷曲線…………………154
粗さ曲線の負荷長さ率………………154
粗さ曲線要素の平均長さ……………153

1回転指示誤差 ……………………80
位置偏差………………………………180
インアンドポストプロセスゲージング・
　システム……………………………146
インダクトシン………………………119
インボリュート関数…………………172

渦電流式………………………………89

エアリー点……………………………35
円筒スコヤ……………………………123
円筒度…………………………………181

オートコリメータ……………………130
オーバピン法…………………………174
オプチカルフラット…………………205
オプチカルパラレル…………………205

〈カ　行〉

可干渉距離……………………………203
角度割出円テーブル…………………129
カットオフ値…………………………151
可動コイル形スケール………………119
干渉じま………………………………179
間接測定………………………………7
幾何学的基準…………………………182

幾何偏差………………………………180
棄却検定法……………………………7
基準圧力角……………………………169
基準プラグゲージ……………………55
基準棒ゲージ…………………………54
キャリパ歯たけ………………………173
求心作業………………………………137

空気マイクロメータ…………………95
偶然誤差………………………………7

形状偏差………………………………180
系統誤差………………………………7
限界ゲージの製作公差………………60

高域フィルタ…………………………149
校　正…………………………………50
光速基準………………………………2
光波干渉………………………………199
光波干渉方式測長機…………………201
誤　差…………………………………5

〈サ　行〉

最小外接円中心法……………………186
最小公差幅……………………………64
最小実体寸法…………………………60
最小自乗中心法………………………186
最小領域中心法………………………186
最大実体寸法…………………………60
最大内接円中心法……………………186
最適針径………………………………163
サインバー……………………………125
作動荷重………………………………66
作動寸法………………………………66
差動変圧器……………………………84

索　引

残　差 …………………………………… 6
三次元座標測定機 …………………… 190
三針法 ………………………………… 162
三点式真円度測定法 ………………… 187

磁気スケール ………………………… 116
姿勢偏差 ……………………………… 180
真円度 ………………………… 181, 184
振幅伝達率 …………………………… 149

寸法の安定度 ………………………… 50
寸法の経年変化 ……………………… 50

正確さ ………………………………… 6
正規分布 ……………………………… 10
静電容量変換式 ……………………… 85
精　度 ………………………………… 6
精密さ ………………………………… 6
線基準 ………………………………… 2
全測定範囲指示誤差 ………………… 80

総合誤差 ……………………………… 72
総合有効径 …………………………… 164
測　定 ………………………………… 1
測定断面曲線 ………………………… 149
測定不確かさ領域 …………………… 62

〈タ　行〉

対極距離変位形 ……………………… 85
対極面積変位形 ……………………… 86
ダイヤメトラルピッチ ……………… 170
ダイヤルゲージ ……………………… 78
タッチセンサ ………………………… 192
単独有効径 …………………………… 162
端面基準 ……………………………… 2
断面曲線 ……………………………… 149

直接測定 ……………………………… 7
直角定規 ……………………………… 123
直角度 ………………………………… 183

低圧背圧式空気マイクロメータ …… 97
抵抗変換式 …………………………… 89

テコ式ダイヤルゲージ ……………… 78
テーパの測定 ………………………… 127
転位係数 ……………………………… 171
点の位置度 …………………………… 184

等径歪円 ……………………………… 137
同心二円筒電極 ……………………… 88
トレーサビリティ …………………… 3
トレーサブル ………………………… 3

〈ナ　行〉

内径測定 ……………………………… 140

2回転指示誤差 ……………………… 80
二線合致差識別能力 ………………… 69
二点識別能力 ………………………… 69
1/2回転指示誤差 …………………… 80

ねじ限界ゲージの精度管理 ………… 159

鋸歯状波電圧形 AD 変換 …………… 109
ノズルクリアランス ………………… 103

〈ハ　行〉

歯ずき角 ……………………………… 172
バーニヤの原理 ……………………… 68
半角誤差の有効径当量 ……………… 163

ピッチ誤差 …………………………… 163
標準偏差の桁数 ……………………… 15
標本化 ………………………………… 107
表面粗さ測定機 ……………………… 154
表面粗さ標準片 ……………………… 155
ピンゲージ …………………………… 139

不確かさ ……………………………… 15
複合角 ………………………………… 126
フックの法則 ………………………… 25
フリクションストップ ……………… 73
プリプロセスゲージング …………… 142
プロービング誤差 …………………… 196
プロービングシステム ……………… 192
ブロックゲージ ……………………… 47

索　　引

――の寸法 …………………………… *49*
分解性能 ……………………………… *108*

平均値の精密さ ……………………… *12*
平面度 ………………………………… *181*
ベッセル点 …………………………… *35*
ヘルツの弾性接近量 ………………… *27*
偏　差 ………………………………… *6*

法線ピッチ …………………………… *170*
ポストプロセスゲージング ………… *143*
母平均値の信頼区間 ………………… *13*

〈マ　行〉

マイクロメータ ……………………… *72*
またぎ歯厚 …………………………… *174*
摩耗限界寸法 ………………………… *62*
密　着 ………………………………… *51*
メートルの定義 ……………………… *2*
目　量 ………………………………… *42*
モアレ縞 ……………………………… *110*
モジュール …………………………… *170*
戻り誤差 ……………………………… *80*

〈ヤ　行〉

有効径 ………………………………… *158*
よう素安定化 He-Ne レーザ ……… *203*

〈ラ　行〉

ラチェットストップ ………………… *73*
リニアエンコーダ …………………… *114*
流量式空気マイクロメータ ………… *99*
量子化 ………………………………… *107*
量子化誤差 …………………………… *108*
ロータリエンコーダ ………………… *132*

〈英　名〉

AD 変換 ……………………………… *109*
CCD …………………………………… *90*
detum ………………………………… *180*
Hoke gage blocks …………………… *47*
LML …………………………………… *60*
MML ………………………………… *60*
pencil pressure ……………………… *66*
PSD …………………………………… *90*
space gauges ………………………… *47*

〈著者紹介〉

津村 喜代治 (つむら きよはる)

1948年	早稲田大学専門部工科機械科卒業
1968年	近畿大学工学部機械工学科卒業
1948〜1976年	東洋工業(株)(現マツダ(株))勤務
1976〜1995年	広島工業大学機械工学科教授
1995〜2000年	Institute of Precision Moulds Dean (マレーシア)
専 攻	機械工学
現 在	広島工業大学名誉教授 工学博士

基礎 精密測定 [第3版]

1994年4月20日　初版1刷発行
2000年1月20日　第2版1刷発行
2005年3月10日　第3版1刷発行
2023年2月20日　第3版11刷発行

検印廃止

著　者　津村喜代治　Ⓒ 2005
発行者　南條光章
発行所　共立出版株式会社

〒112-0006
東京都文京区小日向4丁目6番19号
電話 03-3947-2511
振替 00110-2-57035
URL www.kyoritsu-pub.co.jp

NSPA 一般社団法人 自然科学書協会 会員

印刷：新日本印刷／製本：協栄製本　　NDC 535.3／Printed in Japan
ISBN 978-4-320-08151-2

JCOPY 〈出版者著作権管理機構委託出版物〉
本書の無断複製は著作権法上での例外を除き禁じられています．複製される場合は，そのつど事前に，出版者著作権管理機構（TEL：03-5244-5088，FAX：03-5244-5089，e-mail：info@jcopy.or.jp）の許諾を得てください．

■機械工学関連書

www.kyoritsu-pub.co.jp **共立出版**

生産技術と知能化 (S知能機械工学1)……山本秀彦著	図解 よくわかる機械計測………武藤一夫著
現代制御 (S知能機械工学3)……山田宏尚著	基礎 制御工学 増補版 (情報・電子入門S2)……小林伸明他著
持続可能システムデザイン学………小林英樹著	詳解 制御工学演習………明石 一他共著
入門編 生産システム工学 総合生産工学への途 第6版……人見勝人著	工科系のためのシステム工学 力学・制御工学 山本郁夫著
衝撃工学の基礎と応用………横山 隆編著	基礎から実践まで理解できる ロボット・メカトロニクス……山本郁夫他著
機能性材料科学入門………石井知彦他著	Raspberry Piで ロボットをつくろう！動いて、感じて、考えるロボットの製作とPythonプログラミング 齊藤哲哉訳
Mathematicaによるテンソル解析……野村靖一著	ロボティクス モデリングと制御 (S知能機械工学4) 川﨑晴久著
工業力学………上月陽一監修	熱エネルギーシステム 第2版 (機械システム入門S10) 加藤征三編著
機械系の基礎力学………山川 宏著	工業熱力学の基礎と要点………中山 顕他著
機械系の材料力学………山川 宏他著	熱流体力学 基礎から数値シミュレーションまで……中山 顕他著
わかりやすい材料力学の基礎 第2版……中田政之他著	伝熱学 基礎と要点………菊地義弘他著
工学基礎 材料力学 新訂版………清家政一郎著	流体工学の基礎………大坂英雄他著
詳解 材料力学演習 上・下………斉藤 渥他共著	データ同化流体科学 流動現象のデジタルツイン (クロスセクショナルS10) 大林 茂他著
固体力学の基礎 (機械工学テキスト選書1)……田中英一著	流体の力学………太田 有他著
工学基礎 固体力学………園田佳巨他著	流体力学の基礎と流体機械………福島千晴他著
破壊事故 失敗知識の活用………小林英男編著	空力音響学 渦音の理論………淺井雅人他訳
超音波工学………荻 博次著	例題でわかる基礎・演習流体力学……前川 博他著
超音波による欠陥寸法測定 小林英男他編集委員会代表	対話とシミュレーションムービーでまなぶ流体力学 前川 博著
構造振動学………千葉正克他著	流体機械 基礎理論から応用まで………山本 誠他著
基礎 振動工学 第2版………横山 隆他著	流体システム工学 (機械システム入門S12)……菊山功嗣他著
機械系の振動学………山川 宏著	わかりやすい機構学………伊藤智博他著
わかりやすい振動工学………砂子田843昭他著	気体軸受技術 設計・製作と運転のテクニック……十合晋一他著
弾性力学………荻 博次著	アイデア・ドローイング コミュニケーションツールとして 第2版 中村純生著
繊維強化プラスチックの耐久性………宮野 靖他著	JIS機械製図の基礎と演習 第5版………武田信之改訂
複合材料の力学………岡部朋永他訳	JIS対応 機械設計ハンドブック………武田信之著
工学系のための最適設計法 機械学習を活用した理論と実践……北山哲士著	技術者必携 機械設計便覧 改訂版………狩野三郎著
図解 よくわかる機械加工………武藤一夫著	標準 機械設計図表便覧 改新増補5版……小栗冨士雄他共著
材料加工プロセス ものづくりの基礎……山口克彦他編著	配管設計ガイドブック 第2版………小栗冨士雄他共著
ナノ加工学の基礎………井原 透著	CADの基礎と演習 AutoCAD2011を用いた2次元基本製図 赤木徹也他共著
機械・材料系のためのマイクロ・ナノ加工の原理 近藤英一著	はじめての3次元CAD SolidWorksの基礎 木村 昇著
機械技術者のための材料加工学入門……吉田総仁他著	SolidWorksで始める 3次元CADによる機械設計と製図 宋 相載他著
基礎 精密測定 第3版………津村喜代治著	無人航空機入門 ドローンと安全な空社会………滝本 隆著
X線CT 産業・理工学でのトモグラフィー実践活用……戸田裕之著	